I Fiori
花也

时尚 园艺 生活

花园生活精选辑 4

花也编辑部 编
中国林业出版社

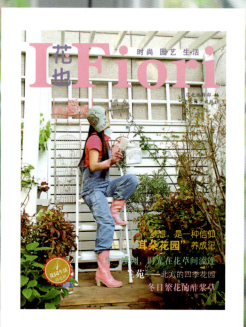

"花也"的名称来自于元代诗人许有壬写的"墙角黄葵都谢，开到玉簪花也。老子恰知秋，风露一庭清夜。潇洒、潇洒，高卧碧窗下！""花也"是花落花开，是田园庭院生活，更是一种潇洒种花的园艺意境，是对更自然美好生活的追求。

花也编辑部成立于2014年9月，其系列出版物《花也》旨在传播"亲近自然、回归本真"的生活态度。实用的文字、精美的图片、时尚的排版——它能唤起你与花花草草对话的欲望，修身养心，乐在其中。

《花也》每月还有免费的电子版供大家阅读，登陆百度云@花也俱乐部可以获取。

花也俱乐部QQ群号：373467258
投稿信箱：783657476@qq.com

花也微博　　　花也微信

花也 Fiori
时尚 园艺 生活

总 策 划	花也编辑部
主　　编	玛格丽特－颜
副 主 编	小金子

撰稿及图片提供

耳朵　桦　咖啡　玛格丽特－颜　柏淼　徐晔春
锈孩子　道道　钟惠燕　都朵　秦莎　侯晔
@米猫CAT　秋水堂　二木

美术编辑	张婷
封面图片	梦想，是一种信仰——"耳朵花园"养成记
封面摄影	迷雾

图书在版编目 (CIP) 数据

花园生活精选辑.4/花也编辑部编.——北京：中国林业出版社，2017.7
（花也系列）
ISBN 978-7-5038-9148-9
Ⅰ.①花… Ⅱ.①花… Ⅲ.①花园－园林设计 Ⅳ.①TU986.2
中国版本图书馆CIP数据核字(2017)第152113号

策划编辑	何增明　印芳
责任编辑	印芳

中国林业出版社·环境园林出版分社

出　　版	中国林业出版社
	（100009 北京西城区刘海胡同7号）
电　　话	010-83143565
发　　行	中国林业出版社
印　　刷	北京雅昌艺术印刷有限公司
版　　次	2017年8月第1版
印　　次	2017年8月第1次
开　　本	889毫米×1194毫米 1/16
印　　张	7
字　　数	250千字
定　　价	48.00元

守一颗园艺的初心

主编寄语 Chief Editor Sends Word

　　有一个爱好，并且把爱好变成事业，这是很多人的追求吧。尤其是园艺，成天接触大自然，看那些怒放的花儿们，心情也跟着好了起来。而把园艺做成事业，把美丽给大家分享，更是很多花友的梦想。

　　我们身边有不少朋友，已经开始了把园艺做成事业的尝试。上海的AKK终于放下了景观设计师的工作，全身心投入到他的CLUSTERIA花园工作室；威海的二木，本来是做进出口贸易的，因为喜欢多肉，出版了《跟二木一起玩多肉》，还开设了"二木多肉花园"；还有成都的敏敏，湖北的贝加尔湖等更多的花友，因为爱好、因为喜欢园艺，也为了圆心中的一个花园之梦，都义无反顾地放弃了原来很稳定的职业，开始了艰苦的园艺创业之旅。

　　然而，现实和梦想之间总是有差距，这几年园艺行业虽然在迅速发展，但市场离成熟还需要更多的时间。对于园艺的观念，大多数人还是停留在过年时去花市买上几盆花，或者是大热天那些戴着帽子挥舞铲子在公共绿地干活的园林工人。其实园艺不止是种花种草，它还是艺术，更是一种时尚的、健康的生活方式，融于大自然的、又超于大自然的美好。

　　然而，无论开公司还是工作室，每天的房租、水电、员工工资等，都是不小的开支。而市场到底怎么做，大家也都在艰难地探索中。有时候难免因为工作的忙碌，经济的压力，会苦恼，会忘了曾经的初衷，更可怕的是：在眼里，花草们不再是鲜活的带着情感的生命，而成为了商品。

　　不管怎样，在梦想的路上会有徘徊、迟疑，也会有苦恼，只要我们不放弃，在这个浮躁的世界里，坚持我们最初的梦想，守一颗园艺的初心。

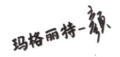

I Fiori 花也

时尚 园艺 生活

Contents

别人家的花园

- 06 　梦想，是一种信仰
　　　——"耳朵花园"养成记
- 16 　一生一座园，
　　　时光在花草间流连
- 26 　兰苑
　　　——北方的四季花园

园丁很忙

- 36 　十一月园丁花事
　　　秋季种菜篇
- 40 　十二月园丁花事
- 44 　从认识栽培介质开始

花园打造

- 48 　成都40平新婚爱巢的梦想花园
- 52 　畸形纸片屋变身空中花园

花开花落

- 56 　待凌霄谢了，山深岁晚、素心才表
- 62 　冬日阳台上的仙客来和蟹爪兰

06 一生一座园、时光在花草间流连

48 成都40平新婚爱巢的梦想花园

62 冬日阳台上的仙客来和蟹爪兰

植物专栏

- 66　附生树干生长的石斛
- 70　盆中杂芜亦锦绣
- 74　冬日繁花的酢浆草

玩转园艺

- 78　冬日温暖
　　　浪漫清新韩式裱花
- 82　手造一朵有温度的花
- 86　新年插花，把年味提得更浓

花园宠物

- 90　毛豆越狱记
- 94　小猫咪儿
　　　花园里的"雪碧"和"可乐"

一起去采风

- 98　最美私家花园，
　　　长木公园的前世今生
- 106　Succulent Gardens
　　　加州第二大多肉植物苗圃

70 盆中杂芜亦锦绣

106 Succulent Gardens
加州第二大多肉植物苗圃

花园主人：耳朵
花园面积：60平方米
花园地点：浙江嘉兴

梦想，是一种信仰
——"耳朵花园"养成记

图、文 / 耳朵

"工作那么忙,回家还要带孩子,自己一点时间都没有,哪里有时间种花?"
"上有老,下有小,要还贷,要养车,吃喝拉撒,人都养不活还养花?"
"种仙人掌都死,家里一堆空花盆,种点绿萝吊兰就不错了,还种什么花呀?"

作为一个园丁,在成长的路上一定没少听到上面这样的明示或者暗示。而我就是那个没有很多钱,没有很多时间,没有很多经验却对园艺痴迷的"三无"屌丝。好在这个愣头姑娘倔得跟一头驴似的,对这些煽风点火垂头丧气的话总是充耳不闻,一个人闷声不响,潜心跟梦想较劲,几年后的自己终于脱胎换骨,那巴掌大的小院也翻天覆地。"耳朵的花园"渐渐趋近梦想的样子,好像慢慢也成了朋友口中"别人家的花园"。那么,这算不算是一次成功的逆袭?

每一朵努力绽放的花朵都值得歌颂,每一个努力的人都应该得到褒奖。园艺最让人欢喜的地方就是一份耕耘一份收获

当然这一切的前提是,我得有个花园。我不否认,幸运总是来得有点意外。十二年前房子买来是1800元每平方米。对,你没看错,是1800,不是18000!那时候小城的商品房刚刚起步,买房1层和6层都遭人嫌弃,3、4层则都是一抢而空。房产公司为了促销,6层送露台,1层送花园。有时候真要感谢我性格里极其离谱的那一部分,我觉得6层的大露台阳光房可以看流星雨,1层白色栅栏的小院可以芬芳满地,一切都浪漫得不可思议。暗合我20岁时那个白色栅栏的花园梦想,捉襟见肘的我们愉快地选择了1层。

自从得到了这个梦想中的白色栅栏的院子后,我立马觉得生活"洋气"了很多,每每看到西方电影里气质优雅的主妇,我的代入感不自觉地强烈起来。家里人也高兴坏了,来帮忙带孩子的老妈也觉得生活"阳气"十足,在院子里拉了几条废旧电线,晒起孩子尿片来毫不收敛,彩旗招展,似是故人来。对祖国爱的深沉的爷爷奶奶也是很来劲儿,

先送来两棵土月季,一棵是红色的,另一棵当然是黄色的,一棵种东边,一棵种西边;不久又送来两棵土茶花,一棵是红色的,另一棵也是红色的,一棵种东边,一棵种西边……我觉得我的地位受到了严重的威胁,我也管不了什么玫瑰花园了,先种它个30棵明媚的向日葵,声势浩大占领个地盘再说……早期的花园生活逗比得像一场闹剧。不过很快,剧情急转直下,轮到我的生活变成一场闹剧,鸡飞狗跳,一地鸡毛,小院也变得无足轻重,植物生死不明。直到2008年,我痛定思痛,决定召唤我的花园神龙,开始在混凝土上种玫瑰。我在花鸟市场跟一个做工程的帅哥软磨硬泡抢他的大花月季;在网上淘来一堆藤月图片看起来很美长出来让人心碎。种植毫无经验,挖坑埋下,一切靠天吃饭,花草自负盈亏,我基本袖手旁观。长得美的都被邻居大妈悄悄挖走,长得丑的很快死于我的意念。好在我也百折不挠,权当练手,积累经验。真正打造现在的院子,已是2012年那个阳光明媚的秋天。

非常喜欢白色的玛格丽特,让花园很素雅幽静,搭配大红色的铁艺凳子和蜡烛灯,立刻像生活的热情被点燃

跟很多花友一样,我对造园豪情万丈却完全不懂章法,自始至终只凭一腔原始热情,想到哪里做到哪里

院子是个长条形,和住房齐平,三个开间的长度,12米;两侧进深稍有差距,在4.75~6米的样子,拼拼凑凑大约60平方米,中间还被笨重的楼梯占去了好大一部分。当然有楼梯也是好的,院子的立体感就出来了,而且江南的一楼普遍潮湿,有个架空层,住房就理想很多,院子里的虫虫怪怪也可以隔绝开来。

我对院子的面积其实有点耿耿于怀,屁股大的地儿,一眼望尽,很难做到曲径通幽、柳暗花明,春天花繁叶茂,就更显拥挤。每每有人提出要来"参观"院子,我都诚惶诚恐。但有人提醒我,别贪心,有些人的住房还不足60平方米!我本来想人家300平方米的才叫花园,一听这话,立马闭嘴!老实说,这个巴掌小院让我一个人做市面,其实也已足够。没错,拥有即要感恩,贪心不足拖出去喂狗!

我并不是一个见多识广的人,身边也没有任何经验可以借鉴,跟很多花友一样我对造园豪情万丈却完全不懂章法,自始至终只凭一腔原始热情,想到哪里做到哪里。

当然这么"任性"和不专业的另外一个重要原因,是我囊中羞涩,我没有能力一次性为一个院子投入几万块钱来作一次全面的硬装,这真的是我的硬伤。

第一次咬紧牙关为院子花钱,是沿着楼梯四周为自己铺了一条规规整整傻里傻气的红色透水砖小路。我当时唯一的目的是不想每次去院子都拿着棍子小心翼翼敲打每一寸草丛,唯恐草丛里窜出一条蛇怪平白无故取了我性命!尽管以我现在的审美很想把这条路给撬了,但当初也是成就感满满,觉得这勒紧裤腰的1300元花得太值当了,从此下楼我都可以蹦蹦跳跳了。第二次花钱,是更换那被风吹雨打得七零八落忍无可忍的白色木栅栏,一共花了2245元,我小心肝那个疼啊。再后来,我又忍无可忍把

一侧光照、土壤等种植条件没有改造价值的地方铺设了防腐木，做了一个不足5平方米的休憩平台，花了我2300元。2016年的秋天，我再次历经身心煎熬，亲手拆了那堵让我百爪挠心的铁线莲花墙，打造了一架我心心念念的欧式廊架。至此，我可以心安理得死心塌地去喝西北风了。

至于余下的事情，我全部以"一个人能完成""省钱好看"作为行为基本准则，因为一切都需要靠我那两只并不灵巧的瘦骨嶙峋的手。我学会了看图纸、拧螺丝、刷油漆，木箱、木头拱门、铁艺花架全部自己动手安装。装了拆，拆了装，倒了扶，扶了又倒，两手血泡；人不够高，手不够长，力气不够大，自己跟自己较劲较得只差嚎啕大哭。

POSE 也是要摆的，白色的栅栏成了最好的背景。看着美丽的花园，所有劳作的辛苦顿时烟消云散

　　所有的花境养成也全凭运气，不会转弯的脑袋只知道沿着栅栏种一圈种一圈，但这一点也足以要了我的命。因为刨开20厘米表土，整个院子都是令人绝望的灰色混凝土，蛇皮袋装着垃圾整袋整袋埋在下面，水泥吊桶、塑料薄膜、砖块、大理石碎块，一锄头下去，火星四溅……好在这个愣头姑娘倔得像头驴，认定的事情死磕到底。愚公移山精神果然是子子孙孙永相传，一个脸盆一双手，花园薄土层下无边无际的建筑垃圾竟然被我更换了一遍。几十袋新土，由于车子送不进来，我从路口一步三歇一袋一袋挪回来。那种劳累，就是坐在地上再也不想起来，躺在床上再也不能动弹，动下嘴皮都觉得力不从心，拿个筷子手颤抖不已。而所有的劳作都是见缝插针，一分钟掰成两半花，你睡觉我起床，你逛商场我干活，整天激情四射斗志昂扬。现在回头细看，都觉得自己不可思议，唯一能解释这种变态行为的理由，只有一个：梦想，是一种信仰。

白色的栅栏背景,怎么搭配都是好看的,还可以悬挂植物,让空间的立体感增强

每一朵努力绽放的花朵都值得歌颂，每一个努力的人都应该得到褒奖。园艺最让人欢喜的地方就是一份耕耘一份收获。看，每一个繁盛的枝丫都开着梦想的花朵，蝴蝶在我手心驻留，小鸟在花枝啁啾，一切都好像上天给我掉了一个大馅饼，好像不曾有过汗泪交织，好像不曾有过天人交战，一切被幸福占据！

管他有钱没有钱，有时间没时间，有经验没经验，来嘛，姑娘，一起喊：茄~子

花也 别人家的花园

花园主人：桦
花园面积：88平方米
花园地点：四川成都

一生一座园，
时光在花草间流连

图、文／桦

当我拥有这个露台之初,对于这小小的露台布置曾有过无数的设想,最后我是被一张美图打动了的:图片中有一个壁炉,壁炉里的炉火红彤彤地燃烧着,几张软椅随意地围在四周,壁炉上错落有致地摆放着各类开满鲜花的盆栽。那一刻,我对自己说,我要一个一模一样的壁炉,我要一个跟这感觉一模一样的花园。今年刚好是我开始种花的第三个年头,花园也渐渐成了我梦想中的样子。

这是一个位于成都市郊顶楼的露台,约88平方米,上下两层,大体可以分为三个部分。

下层露台做了花园,靠近房间出门的位置是个户外餐厅;再过去,一旁的玻璃顶下是壁炉休息区,做了抬高的木平台;通过曲折的楼梯可以走到上层的平台,这里是我为家人和朋友聚会准备的阳光房。

底层的露台上，被各种 Zakka 风的盆器、工具和家具占领，露台的整体感觉也慢慢变成自己喜欢的样子

底层的露台约 55 平方米，刚搬家的时候觉得不小，足够我折腾的了。可是还不到一年它就被填满了，月季、天竺葵、绣球、矾根、蕨类……花盆也是密密匝匝、层层叠叠地摆满了整个露台。虽然刚有露台的时候种花还是新手，不过每入手一种新植物前，我都会先百度它的生长习性和养护要点，所以每一种植物在我的手里都长得非常好。最爱的还是月季，那多彩的颜色，婀娜的姿态，超长的花期，总能带给我层出不穷的惊喜，令人无法抗拒，最多的时候露台上有 200 多棵月季。

随着花草越种越多，花园越来越满，这时候眼睛开始盯上了某宝上那琳琅满目的花园杂货，想着怎么可以用这些美物来让我的花园更加丰满、美丽。喜欢法式乡村那种旧旧的、随意的感觉，于是，各种 Zakka 风的花架、凳子、桌子、铁皮罐子等，陆陆续续地粉墨登场。这样一来盆盆罐罐有地儿放了，花园的层次也出来了，一举多得。当然对于一个疯狂的花痴来说，这远远不够，凡是能想到的空间全部都要被利用起来：围墙、栏杆、窗户、外墙，甚至是花园上空也不能放过。

"曾经有很多人问我,为什么那么喜欢花儿?其实,我也没想过这个问题,仿佛这份执念与生俱来,又或许是童年的一个梦。"

当然，花园并不能都用来种植物，它更是生活的空间，是一家人在一起拥有快乐的园艺时光。在花园里，我特地摆放了一张宽大的长条餐桌，喜欢在阳光明媚的早晨为先生和两个孩子做一顿美美的早餐，听清晨的小鸟啾啾欢唱；为朋友闺蜜们准备一份在鲜花丛中的下午茶，或者就在花园里剪下花儿插在瓶子里，给自己一份美好的心情。未来还计划在这里改建一个阳光餐厅，这样，简单的烘焙料理可以和家人孩子一起在花园里操作。

从花园的功能来说，或许我更喜欢壁炉区域吧，这里几乎是我的私人领地，最喜欢在这里消磨时光。一杯咖啡、一支笔、一个小本子，随意写些东西，让思绪飞扬，耳边是轻柔的音乐。抬眼望去，花园里洗衣房前的三株'无尽夏'已经长成了一片，让我忆起春日里曼妙温柔的花季。

二楼的阳光房是家人、朋友聚会的空间

二楼阳光房是2016年7月才建设完工的，因为有些花草夏天需要挡雨遮阴的空间，同时也可以增加户外功能性的活动空间，于是阳光房就有了它出现的理由。这里是我和家人、朋友聚会的地方，宽大的长桌能够摆下足够的美味佳肴；舒适的长椅可供我与闺蜜尽情私话闲聊；一个人的时候躺在上面天马行空的空想也是美事；它还给工具们提供了一个挡风遮雨的去处。

孩子、花草，书声、笑声……这个花园给我们太多温暖又美丽的时刻

　　这个露台给我带来的不仅仅是一个美丽的花园，让自己和家人有个美好的生活环境，更重要的是它彻底改变了我的生活方式。曾经也是个喜欢窝在电脑前的宅女，晚睡晚起，因为带两个孩子的缘故，身体状况变得更差，甚至有一阵拿筷子的手都会发抖。然而有了花园后生活作息也改变了，每天一早起来，到花园里劳作，为家人做一顿美美的早餐、精致的甜点；看着花儿们开得那么灿烂，还爱上了拍照，也喜欢叫闺蜜朋友们一起到家里来下午茶，谈天说地；孩子们喜欢在花园里帮妈妈干活，每次看到蝴蝶或蚯蚓的时候都会兴奋地大叫，他们还喜欢在花园里看书玩游戏……曾经对家、对生活的温馨梦想在这个花园里都成了现实。

冬天是很多花园的萧条期，但是角堇、瓜叶菊、羽衣甘蓝以及多肉植物，能让花园春意盎然

冬日花园也可以色彩斑斓

　　冬日花园可以色彩斑斓、可以温馨浪漫，但绝不允许萧条破败。

　　想要冬天的花园不萧瑟其实不难，去花市转转，搬几盆花开正好的盆栽回家，花园立即就能生动起来。冬天里开花的植物还是蛮多的，角堇、三色堇、瓜叶菊、长寿花还有大花蕙兰等。薰衣草和迷迭香也是四季常绿的，特别是薰衣草，花很美叶片也好看。而菊花能从秋天一直开到冬天。

　　然而想要一个不一样的冬日花园，就需要我们精心的布置，细心的挑选。开花植物固然重要，四季常绿的观叶草本、灌木等更是不可缺少的。香柏、皮秋柏、月桂、千叶吊兰、常春藤、苔草、麦冬，各种蕨类还有矾根，都是不错的选择。当然冬天的花园里多肉也是主角之一。

在阳光房里,不管是雨天还是艳阳高照,都可以与大自然零距离接触

周末的午后,冬日的阳光温暖着,孩子们坐在露台上欢声笑语,一旁是怒放的瓜叶菊和角堇,还有兰花飘来的幽香。我想起刚拥有露台花园的忙碌、第一年月季盛开时的欢喜,感恩着拥有这个小小的露台。它开启了我的花园梦,就像魔法师开启了潘多拉魔盒,一发不可收拾,也彻底改变了我的生活,从此一生一座园,灿烂、温馨而孜孜不倦。

花园主人：咖啡
花园面积：310 平方米
花园地点：北京

兰苑南院里的宿根花境，一年四季呈现不同的色彩

兰苑
——北方的四季花园

图、文 / 咖啡

　　栖水而居，拥有一个自己的小花园，相信这一定是很多人的梦想。多年之后，我们终于在北京之北、官厅水库的南岸，觅得一处乡郊小院。

　　自那之后，一头扎进园艺世界，从小院的设计、建设、改造到落成，历经三个春夏秋冬。喜欢自然英式花园风，又考虑到社区法式建筑环境，H园艺公司在做景观设计时兼顾美学和实用，增加了些许对称的法式元素，并搭配了几十种、近千棵宿根花卉、欧月、花灌木、果树和观赏乔木，按照区域打造不同色系的主题花境。小院最终被精雕细琢成四季可赏、错落有致的宿根花园，我叫她"兰苑"。

兰苑一共310平方米，分为北院（约60~70平方米）、东侧院（约60~70平方米）、南院（约180平方米）。

日照时间最短的地方以耐阴、喜阴的灌木和宿根为主，打造成矾根和玉簪花境。

林荫下是芍药花境。在花友橘子妈的推荐下，这片区域将要种下两棵紫斑牡丹，明年真的就变成牡丹、芍药园了。牡丹富贵，芍药喜庆，早春花开时分，这两种花组成的花境必定会带来幸运。

北花园入户门处的花境设计以菊科植物为主，高矮错落有致，颜色五彩缤纷，在路口热烈开放、迎接宾客

东侧花园整体落差近 2 米,是通往下沉式南花园的必经之地。在设计讨论过程中,因地制宜,打造成台地式岩石园。岩石园的岩石来自附近村子里的河滩边,台地园的最下一级台地与鱼池边的驳岸石、汀步也统一了风格,自然过渡。

岩石园通过与碎石、岩生植物搭配,整个区域营造出一派富有自然野趣的岩地之景。

南院是全园最为开阔、也是阳光最为充足、最暖和的地方,整体规划和花草搭配是整个花园建设过程中最精心雕琢的部分

南院整体为无障碍区域，所有的活动区域都在一个水平面上。从整体规划上，用中心的圆弧形的园路连接了方形的休闲平台、廊架和不规则形状的鱼池，视觉上柔和，风格上更为统一

木栈道围合着鱼池，既方便近距离欣赏锦鲤，也方便打理周边的花草

沉醉在南院的花香里

南院的中心区域设计成海螺形状的宿根花带，搭配时除考虑花卉的开放季节、颜色，还兼顾了竖状或圆形、收拢或发散的姿态。从春到冬，穿插种植了多种宿根植物。早春的球根植物、郁李，初春的宿根耧斗菜、滨菊、鸢尾等，初夏的芍药、飞燕草和粉公主锦带，秋季的紫菀和白菀，冬季的云杉……意在营造最为精致的核心和四季花境。从目前的表现来看，果然是不负众望，季季有花看。

鱼池的整体过滤系统用了整整3个月才建造好。单独修建了比观赏鱼池更大的、标准分仓式的锦鲤过滤池，可以做到1年清理收拾1次即可。整个过滤池隐藏在木质休闲平台下，既实用又美观。观赏池里的水体看着黑亮黑亮的，想必鱼儿们也是住得自由、欢畅，最近还发现了几十尾约一指长的小鱼苗呢。

南院是我的最爱。三季花园，在这里有最集中的体现。春有月季，夏有芍药，秋有菊花，缤纷的色彩在时光中流连。我最喜欢在南院的休闲平台上，手执自己最喜欢的一本书卷，沉醉在花香中。不知不觉，暮色向晚，花香依然。

在南院中心区域的两侧则是单品较为集中的月季园、菊园。从春季到秋季，欧月和柳叶白菀次第开放，营造着多季花园。五月，将入夏，清风白云，在月季园里劳作是最幸福的事，淡淡的香味就像香水带给人无限遐想。九月，菊花傲霜开放，"不是花中偏爱菊，此花开尽更无花"。

自动化管理省时省心

　　周末是最值得期待的时光。远离城市的喧嚣,亲自打理花园,看着它们生长盛放,闻着植物的芬芳,品味着自然的馈赠,觉得幸福和快意的人生也不过如此了。但也因为只能周末去整理花园,各种自动化装置是花园在进行基础设施建造时就考虑到的关键环节。

　　比如:三个不同区域的花园安装了四个控制器进行自动浇灌,免去了每天要花费大量时间来浇水;春、夏时节,用上自动浇灌液体肥套装设备,大面积施肥问题也迎刃而解。

　　院子里的鸽子也是通过安装了自动放飞、自动喂食、自动饮水设备解决了信鸽们游戏玩耍和生活之需。同时,在鸽舍下修建了堆肥池,发酵鸽粪给花草提供有机肥,自产自销、绿色循环。

　　喜欢独处，也喜欢周末与朋友们在兰苑小聚。喜欢在朋友们来之前，去花园剪一些鲜花，随意插一瓶花。铺好桌布，泡好爱喝的红茶或绿茶，摆上几样貌美味香的点心，简单的早茶或下午茶，静静地等待朋友们的到来。

　　喜欢朋友们来的时候，一起享受花园晚餐。夜渐渐黑了，点上蜡烛，火苗跳动着、摇曳着，灯珠也亮起来，似天上的繁星闪烁。音乐轻轻萦绕、流淌，抿上一口红酒，深呼吸，就能闻到土地的芬芳、月季的甜香、荆芥的草香，和美食融汇在一起，构成浪漫、轻松的花园夜晚。

　　在兰苑，随处走走，停下看看，花园的每一处景、每一朵花、每一块石头，都让人心生欢喜，都可以驻足品味。在兰苑，时光仿佛凝止了。

花也 | 园丁很忙

十一月园丁花事
秋季种菜篇

图、文 / 玛格丽特－颜

早在 9 月开始的秋季，园丁已经开始忙碌了，这时候，秋播的小苗已经有些模样；该定植的已经定植；球根也早就入土为安，有的开始迫不及待地发了新芽；月季和铁线莲还不着急修剪；肉肉们在秋日早晚的温差下一个个变得红润生机……没啥好忙的了，不妨一起来种菜吧！

秋天种菜的 N 个理由

种菜需要理由吗？对于一个讲究健康的花痴来说，种点菜也是一种调剂。但是为啥在秋天才开始种菜呢？

理由一：一两年生的草花开败了，为秋冬种菜腾出了不少空地。

理由二：较少病虫害。天气太冷，那些在菜叶上横行霸道的蚜虫、青虫、蜗牛等统统不见啦！所以也不用打药，可以吃到更健康的蔬菜哦。

理由三：冬天蔬菜的生长速度相对慢，味道也更好，慢慢吃上两三个月，吃不完的春天还能看花。

理由四：有些蔬菜就是要这个季节种啊……

种菜的准备工作

1. 选择温暖向阳处，比如光照充足的南阳台，院子则选择能有较多光照的区域。

　　因为冬天的日照会越来越短，气温也逐步降低，要让蔬菜们健康成长，选择日照充足的位置很关键。

2. 容器的准备，阳台种菜族需要注意啦。

　　尽量选择大一些、深一些的容器（高度30厘米以上），种菜的关键要素是"大水大肥大太阳"；如果没有为根系提供足够的土壤，会影响蔬菜的健康成长。当然小花盆也不是不能种，瘦弱弱几棵，几盆都不够炒一盘的。

3. 土壤的准备

　　院子刚种过草花的区域，一定要深挖翻松土壤，约30厘米，去除石块、杂质、残留的根系，晾晒几天，让土壤休息消毒，中间能再翻土一次更好啦！再拌上混合堆肥或有机肥，让土壤更加肥沃。

　　阳台族最好买种菜专用土，不要从小区里随便挖几坨回来，不仅容易板结，也不利于蔬菜的生长。

4. 准备好要种植的种子或种苗。

这个季节适合种些什么菜?

青菜

青菜、塔菜、小油菜等都可以。一般播种后 3~5 天就出苗。随着小苗渐渐长大，我们一步步可以吃到鸡毛菜、小青菜、大青菜、菜薹……菜薹还吃不完，就可以等着看油菜花。

紫叶青菜不仅好吃也好看哦。

芝麻菜

用个小花盆播种就好，很容易出苗，叶子吃起来会有些辣辣的，然后满口回味的芝麻香，很神奇，用来拌沙拉绝对赞。芝麻菜也是十字花科植物，开花也像油菜花啦。

生菜

生菜似乎一年四季都可以种，生长迅速，很快就可以吃到成苗，也很少病虫害，阳台种菜族首选。
不过种上这样一棵美丽的生菜，会舍不得吃吧。

菠菜

最喜欢冬天的菠菜了，墨绿色油亮的叶子，吃起来甜甜的。烫火锅也是很赞。直播在土壤中，气温不低于 10℃，都可以发芽，不怕霜冻，慢慢吃到明年早春。

莴笋

选用耐寒、适应性强、抽薹迟的品种。种植莴笋的土壤以砂壤土、壤土为佳。种莴笋要有些耐心,春天才能吃到!不过叶子很好看。

大蒜

绝对适合种菜新手。蒜头瓣开插到土里,几天就能串很高了,剪了叶子还会继续长。冬天烧排骨汤或者下面条的时候掐上几片叶子,剁碎成蒜花,汤上一撒,香味立刻就出来了。

芫荽

胡荽、香菜、香荽,拌凉菜、火锅烫菜、汤提味,到处都少不了。播种后,保持土壤湿润,出苗会比青菜、菠菜慢一些,生长也慢一些。
春天的时候伞形科芫荽的花好看好闻。

小葱

小盆即可,种植非常简单,掐叶可以持续生长,烧肉烧鱼去腥味的好搭档,再来个小葱拌豆腐。
吃不完的,春天看花吧!

花也 | 园丁很忙

十二月园丁花事

图、文／玛格丽特－颜

每年的 12 月已经完全是冬日的节奏，上海的气温多数在 10℃上下，偶尔暖和一些，便特别珍惜冬日的阳光，会赶紧地在院子里忙乎，修剪施肥，或者去花市买一些适合冬日的草花种下，不至于院子整个冬日都是萧条的光景。

金鱼草

枸骨冬青

毛核木

紫珠

　　蜡梅、茶梅、紫珠、火棘、蟹爪兰、仙客来、报春花、紫罗兰、角堇、雏菊、三叶草、瓜叶菊、水仙、酢浆草等，这些都是冬天的赏花植物。

　　蜡梅的花期从12月至翌年2月，每年的这个季节便可以开始赏满园的蜡梅花香了，不过蜡梅在花期会比较怕风，更适应朝南向阳的地方。

　　茶梅从上个月就陆续开花，茶花的花期要晚一些，多数开始孕蕾，可以适当施肥。

　　铁线莲基本没花了，叶子即便没有掉光，也都枯黄萧条；月季偶尔还会有开，寒风中孤零着。不过养护得好，微月还能继续怒放，当然最好也是放在通风透气光线充足的阳台上，还需要保证及时的浇水和施肥。

　　冬天我更喜欢观果的植物，比如紫珠、火棘、毛核木等，别致的小果子挂在枝头上，很是应景。还有白色果子的乌桕、黄色果子的苦楝树，都是冬季最特别的风景。

　　还有观叶的，像火焰南天竹，整个冬季火红色特别温暖，绵毛水苏这个季节也是最美的，各种的三叶草怕热却不怕冷。

角堇

仙客来

紫罗兰和火焰南天竹

冬日草花推荐

两年生的草本这个季节反而是主角，像角堇、紫罗兰、欧报春、雏菊、金盏菊、金鱼草等，都不怕冷，可以种在户外的院子里，为整个萧条的冬日点缀些亮丽的色彩。它们可以持续开花直到第二年的春天。以前我会秋播，后来干脆直接从花市买来，一般 1～2 元一盆，欧报春会贵一些，有点咂舌。还有羽衣甘蓝，好看也耐寒，尽管不是花。

室内植物推荐

冬天，多数时间还是会呆在室内，所以阳台或窗台上会少不了地亮丽起来。每年必不可少的有仙客来、长寿花、蟹爪兰和水仙。也喜欢瓜叶菊非常丰富的色彩，整个冬天花开不断；丽格海棠的色彩很丰富，花瓣花型也非常美丽。养护上要注意，不能阳光暴晒、盆土可以干一些，太湿了容易烂根。偶尔也会买兰花、红掌或凤梨，不过总是觉得被年宵花搞俗了，让人忽略了它们的美丽。花市上可以买到西洋杜鹃，比较精致的花朵，树形一般也都很别致，作为年宵花是很好的选择。不过它不耐寒，需要室内养护。

TIPS

1. 木本植物这个季节基本不用管理，任由常绿的继续绿着、落叶的飘零满地，如果整个冬季都很少下雨，还是需要偶尔浇一下水。

2. 冬季适合施有机肥，会不容易烧根，羊粪肥、鸡粪肥什么的往根系周围浅埋或直接堆上。注意不要直接接触植株，以防没有发酵完全产生的病菌影响植株。

3. 玉簪、松果菊等宿根草本处于休眠、半休眠状态，有些要注意保温防寒，埋土防寒。

4. 秋植的球根花卉如郁金香、洋水仙、各种百合等，12月还在生根中没有发芽，保持盆土湿润不积水，防止烂球烂根。如果之前还没有来得及种的，赶紧抓住这最后时间。

5. 国产水仙的培育要注意冷和阳光充足，环境温度不能太高，不然就长成大蒜了。

6. 朱顶红、天竺葵、三角梅、球兰等温度低于5℃都要放到室内。

7. 观叶植物要求室内温度达10℃以上，例如橡皮树、变叶木、羽叶南洋杉、合果芋、海芋、绿萝、蔓绿绒等还是怕冻的，而且要注意室内温差不要太大，温度忽高忽低，容易引起老叶片发黄脱落。注意通风，偶尔需要喷水。

8. 仙人掌类及多浆植物：多晒太阳，注意它们的临界低温，控制浇水。景天类的多数能耐0℃左右的低温，太冷了还是需要进入室内防护，可以在中午温度最高的时候开窗透气，加强通风。

欧报春

园丁新手
从认识栽培介质开始

图、文／柏淼

作者介绍

柏淼，不务正业的珠宝鉴定专业学生党一枚，园艺爱好者，有九年的园艺相关经验。擅长植物种植养护和小花园规划。参与过多期园艺版块的电视节目的录制。

细颗粒泥炭一般用于播种（图示：香豌豆的播种）

中等颗粒大小的泥炭适合种植大部分植物，疏松透气性好的泥炭有利于植物的根系生长

基础栽培介质

园艺可不仅仅是玩泥巴这么简单的事哟。告别新手第一步，从了解最基础的栽培介质开始，学会最实用的园艺知识。

大部分的植物生长离不开栽培介质，合格的栽介质对植物的根系以及植株的生长相当重要。

泥土： 泥土是生活中随处可见的，也是很多人喜欢就地取材使用的。泥土主要由空气、水、有机物和矿物质组成。好的泥土一般是疏松透气、富含有机质的壤土，而比较黏重保水性过强的黏土则不太适合种植大部分植物。很多家庭养花喜欢就地取材直接挖家门口或者小区里的黄泥土，那么种植时要注意消毒以及适当改良，增加透气性。

草炭： 也就是俗称的东北泥炭。成分比较杂，有很多没有被完全分解的植物残骸和杂草。质地相对来说比较疏松，所以也可以用来改良土壤。不过东北泥炭的保水性能很强，所以通常被用来种植草花。另外，草炭和椰砖在某种程度上是泥炭的替代物，但是因为草炭和椰砖的品质都不够稳定，所以生长较弱、根系不够发达的植物尽量避免使用。

东北泥炭，俗称草炭，富含有机物和很多未完全分解的杂质。

泥炭： 相对于泥土和东北草炭而言，进口泥炭是适合绝大多数植物的栽培介质。它具有保水保肥、无菌无毒的特点。同时因其良好的疏松透气性，所以非常适宜植物的根系发育。德国维特、大汉、品氏和发发得泥炭是目前被广泛使用的几个品牌，不同型号不同颗粒粗细的泥炭适于栽种不同的植物，选购时应注意。

粗颗粒泥炭孔隙度较高，一般适用于生长比较迅速的月季、铁线莲、文殊兰以及大型球根、肉质根等植物。

椰糠： 椰糠是以椰壳为原材料经加工而成的一种天然有机栽培介质，由于椰糠是可再生资源，曾被视为泥炭的替代物。但市面上卖的椰糠品质各不同，即使是同批次的椰糠质量也不尽相同，这是生产方式和椰壳本身决定的。而椰壳含有天然的盐分，必须经过冲洗、脱盐后才可以种植。由于本身不含肥性，故多年生草花不适合用纯椰糠栽植。由于椰糠比较疏松透气，因而适合在土壤黏重的花园里混合使用，作为土壤的改良物，对植物的根系生长有好处。

不同品牌不同颗粒粗细的进口椰糠。

粗颗粒椰糠3份、泥炭3份、松鳞和珍珠岩各两份，加入少量缓释颗粒肥，混合种植兰花，非常利于其根系生长。

辅助栽培介质

目前，对绝大多数植物而言，泥土、草炭、泥炭以及椰砖这四样是主体栽培介质。而辅助栽培介质除了珍珠岩、鹿沼土和赤玉土，还有类似的桐生砂、植金石、日向土、硅藻土、火山石等等。这类颗粒介质的功能作用大同小异，都是可以用来改善并调节土壤透气度和排水性的。如果盆栽植物使用的花盆（容器）是非常不透气的材料做的，且盆底排水孔也很细小的话，栽培介质多混合一些粗颗粒物能有效预防浇水不当或梅雨季导致的烂根。

珍珠岩：园艺珍珠岩是我们使用得最普遍的材料之一，也常被用来改良土壤。珍珠岩具有质轻、多孔、疏松的特点，能极大提高栽培介质的透气透水性，利于植物的根系呼吸。目前市场上出售的珍珠岩有不同的颗粒大小规格，小苗可以使用细颗粒的珍珠岩，而大型盆栽以及土壤改良则使用应尽量选用粗颗粒的，对植物的生长效果非常好（珍珠岩很便宜，而且适用范围广，改良土壤的话就算买不起泥炭也买得起珍珠岩呐）。

珍珠岩增加了栽培介质的透气性，有利于植株根系生长。

蛭石：这是花友扦插植物时常用到的材料。细颗粒蛭石被誉为植物扦插的"生根神器"。它是具有层状结构的矿物，因而有着良好的贮水能力。如果栽培介质里混有赤玉土、桐生砂这类保水能力不俗的颗粒土，可以不加蛭石。但如果只加了像珍珠岩这类只有透气性而没有足够保水性的颗粒物，加少量蛭石还是挺有必要的，特别是使用透气性极强的红陶盆种植。这里要说一下，透气性和保水性并不矛盾，尤其是一些喜欢湿润但又不耐积水的肉质根和球根类植物。

植物扦插：留取扦插的枝条大概5~8厘米，可以一节也可以两节。浇透蛭石，压紧，枝条插入蛭石顶端留1~2厘米即可。浇水通风，不要暴晒。梅雨天季节生根很快。

扦插一个月后的月季根系图。蛭石扦插适用于大部分植物，尤其是月季、铁线莲、绣球。

（供图：@米米mimi-童）

鹿沼土：是花友种植多肉和目前比较热门的雪割草、岩须等植物的必备介质。它是由下层火山土生成的，呈酸性，有很好的通透性和蓄水力。也常作为栽培辅助材料和泥炭等介质混合使用。因其本身不含什么肥性，适合对肥料需求较少的植物。如果单独使用种植月季、楼斗菜等开花量大对养分需求高的植物时应注意施肥等事项。

纯赤玉土扦插。枝条一般留两节，一节叶子剪掉埋在蛭石里面，一节带一侧叶子。夏季也可以使用这样的扦插方式，但是要注意保持湿润，不可干旱。

青姬
番杏科肉锥花属
Conophytum minimum

鹿沼土在盆栽多肉里也是非常好的铺面材料。

赤玉土：和鹿沼土类似的还有赤玉土，它是黏土层中经筛选过后的颗粒土，呈弱酸性，赤玉土的特征是不含肥力，而透气排水性和保水保肥性优。通常在花盆中使用中粒和小粒的比较合适，而大颗粒一般用在盆底做排水层。因质地纯净不含病害菌，所以在日本，它是最常见的且不可缺少的盆栽基础用土之一。纯赤玉土非常适合月季等植物的扦插，或者和蛭石按 1:3 的比例混合进行扦插，生根率很高。

松鳞：松鳞是经过处理的松树皮，是良好的铺面材料。在种植月季和兰科植物的时候也常作为增加介质疏松透气性的材料而被使用。另外关于铁线莲介质要不要加松鳞这个问题，除了长瓣铁线莲，北方可以在介质里适当加松鳞，因为没有长期的高温闷湿的梅雨季，铁线莲的白绢病病发率比南方低些。加松鳞本来是有利于排水的，前期对铁线莲的根系非常有用，但是，时间久了，高温闷湿导致松鳞腐烂发酵，未完全分解的有机质就成了病菌的温床，很容易诱发白绢病，故铁线莲等毛茛科植物忌用，加上市面上卖的松鳞的质量太不稳定了，所以高温潮湿的南方地区尽量避免使用。南方可以用竹炭颗粒替代松鳞，效果很好（松鳞在种植兰花用得比较多，纯松鳞可以拿来种植石斛和卡特兰。在种植月季的介质里添加松鳞能有利于排水透气。日本很多花园的土地表层会喜欢覆盖一层厚厚的松鳞，不仅美观还能有效防止杂草生长）。

松鳞是种植热带兰以及月季常用的基质之一，对于增强排水非常有用。

竹炭：是竹子高温处理后的产物，我个人认为竹炭算是性价比非常高的材料了，使用方便、适用面广且价格低廉。竹炭本身多孔，吸附能力较强，能改善土壤的物理性质，提高孔隙度和持水透气率。通常大颗粒竹炭用在盆底作为排水层，细碎一点的则混合其他介质使用。比较潮湿的南方种植铁线莲、楼斗菜、朱顶红、铁筷子及其他喜湿怕涝植物的时候可以适当使用竹炭颗粒，既能促进排水透气，还能有效防止烂根。

大颗粒竹炭适合铺在盆底做排水层。

玉簪'日本鼠耳'，喜欢湿润但是怕积水的环境，所以增加颗粒物对植株的根系生长有好处。

竹炭也非常适宜和其他介质混合使用，是改善土壤透气性的好材料。

以上是常见植物使用的栽培介质，而实际上栽培介质远远不止这几种。

每个地区的气候环境不同，各种介质的混合比例要依据实际地域气候的不同作相应的调整。总体而言的原则是要保证栽培介质的疏松透气。只有当你植物的根系生长好了，它才能枝繁叶茂，茁壮生长。

泥炭、珍珠岩、粗颗粒蛭石、竹炭和火山石等常用介质混合后是非常透气透水的栽培介质。

40平方米爱巢里的梦想花园

《梦想改造家》第三季第7集最省改造

前两季的梦想改造节目，设计师很少涉猎室内植物与花园，第三季开始，慢慢变了，越来越多的植物和花园也增加到改造的范围。绿意盎然的植物，为改造后的家平添了更多的温暖与生机。

　　本期的业主是两位年轻的新婚夫妇，爱情长跑十二年，却只有三万元积蓄，改造装修38平方米的新婚之家。挑战设计师是前两季都非常有名的重庆设计师赖旭东老师。非常荣幸，受上海市园林绿化行业协会委托，这次能与赖老师合作，为其设计打造的新房配置一个花园。

　　是的，只有不到40平方米的老房子，我们还要给他们一个爱的花园。

入口通道旁的置物架

植物点缀：

1. 花叶薜荔小盆栽。喜温暖，但有一定的耐寒性。对光照的要求有较大的弹性，全光照或阴暗均能生长，但以明亮的散射光为宜。

花器： 小紫砂盆

2. 常春藤：形态优美，喜温暖、半荫的环境。

设计思路： 空间很小，室内不宜放太多的植物，点缀即可；所有的盆栽花器一定要美美的。

设计师介绍：

朱小波

西沐花园景观设计工作室，运营总监兼植物设计师。

曾任职于世界 500 强企业，负责移动新业务的市场营销策划管理，因热爱花草，向往舒心的园艺生活方式，毅然辞职，选择做自己喜欢的事。游历英国、法国、荷兰、澳大利亚等国家，学习、了解各国花园与设计。

花园没有大小之分，心中有景，再小也是园。希望这"座"梦想花园，能让幸福的小两口忘记世事纷扰，远离世间喧嚣，相伴相依，白头到老。

客厅
正对入口的角几，是第一眼视线的焦点

植物点缀： 春羽。为多年生常绿观叶植物，较耐阴。

花器： 质感通透的玻璃瓶

窗户外的铁艺护栏

植物点缀： 三角梅和绿宝石、青苹果竹芋等观叶植物与花交错，使小小的客厅感觉被植物包围，有如置身花园。

餐桌

植物点缀：鱼尾蕨。餐桌上翠绿的鱼尾蕨，特别像一盆新鲜的蔬菜，带着一丝田间的自然气息。

花器：精致的麻布袋筐

厨房

植物配置：怎能少了香草薄荷和迷迭香。一边做菜，一边在花盆里掐一节香草，是煮妇们最愉悦的事。

花器：经典红陶盆

窗户外的护栏

厨房的小花园，一边做饭一边观赏。

植物配置：矾根、嫣红蔓、禾叶大戟、绿宝石。

花器：竹编花篮

卫生间

植物点缀：水培铜钱草，小巧而灵动。

花器：土陶盆

本期绿植布置：西沐花园景观设计工作室
梦想园艺赞助："绿色上海"专项基金、
　　上海市园林绿化行业协会
感谢上海卫视"梦想改造家"节目组提供图片

花也 | 花园打造

畸形纸片屋变身空中花园

《梦想改造家》第三季第5集"纸片楼里的家"奇特构造迎挑战

文/玛格丽特-颜　图/王平仲

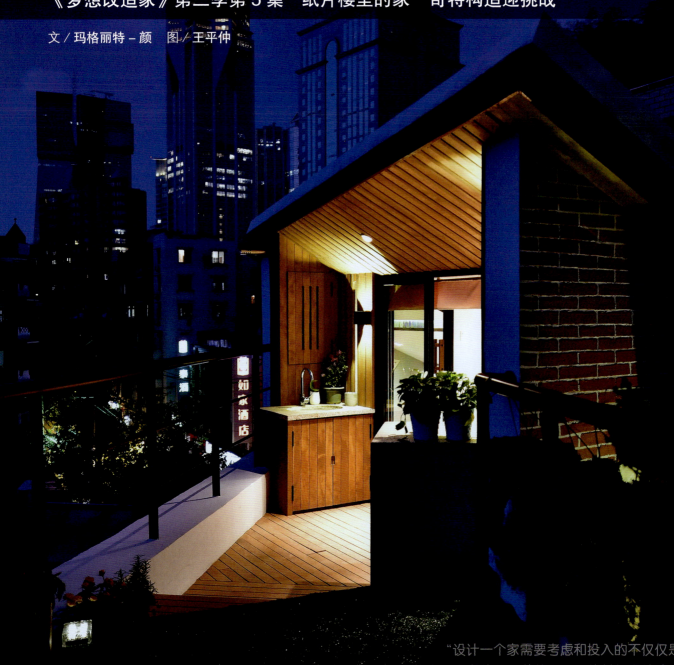

"设计一个家需要考虑和投入的不仅仅是专业能力，更多的是一种将心比心的关怀和情感，改造后的家才有可能成为一个真正的家。"

——王平仲

改造前的露台

纸片屋改造平面图

改造后的露台

三角形的"船头"

　　这是一栋约1930年建造的英式建筑，三角形的地块区原本为大楼的露台，能想象当年露台的样子，在黄浦区旧租界里，三角形的露台船头一般伸出，看着街道上霓虹灯闪烁，一幅旧上海的模样。现在却不是这样了，露台加盖了房子，最窄的地方薄如纸片，一家人局促地生活在这个只有25平方米的空间里。

　　在这期的梦改节目里，设计师王平仲为冯家畸形的屋子重新合理规划布局，变成了实用的、温馨的，还带着空中花园的家。

　　三角形的船头本来是砌起来堆满了杂物，现在被拆除，空间完全打开，变成了一个三角形的小阳台，角落里布置了搁板，可以摆放植物。最上面一层可以放一盆更高一些的组合盆栽，应季的花草搭配常春藤或蔓长春等悬挂的植物，还可以在矮墙的外侧挂些铁艺的花架，变成一个葱郁盛开的小角落，经过的路人偶尔抬头，看到一定会惊叹。

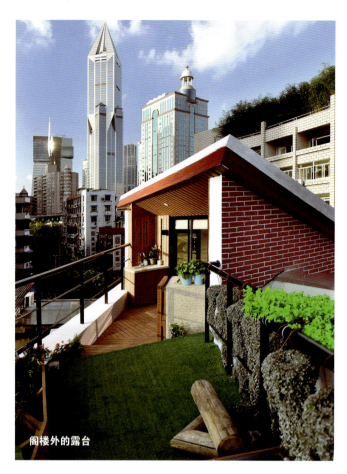

阁楼外的露台

室内小空间

和邻居连接的过道

冯妈妈本来就很喜欢植物,在改造前从阁楼的窗户爬出去,有一个倾斜的露台,只是很小的空间,除了晾晒衣服,露台的一角冯妈妈还是种了不少的植物,一棵木槿已经很大了,泡沫箱里还会种些花草和蔬菜等。改造时,这块露台被充分利用,铺平了地面,增加了摆放洗衣机的柜子和晾晒衣服的架子,在露台的四周设计了一米高的不锈钢扶手,杜绝了之前露台上活动的安全隐患。露台上还特地设计了一处用越秀木围成的花箱,种上了蔬菜,还有防蚊虫的香草植物等,铺面的覆盖物还可保湿防止病虫害。冯妈妈看了乐不可支,她说:"这下,我可以有个小菜园了。"

露台的地面铺了假草坪,美观的同时也防止在雨天滑倒。设计师还用原本屋顶开裂的木梁改造成了三角形的户外木梁凳,当户外桌椅使用。满是岁月洗礼的旧木梁凳与防腐木茶几,带着曾经这座房子多年的记忆,安静地布置在花箱另一侧的护栏边,也成为屋顶花园里的另一道风景。

本期绿植布置: 上海亿朵园艺有限公司
覆盖物赞助: 上海摩奇园林有限公司
梦想园艺赞助: "绿色上海"专项基金
　　　　　　　　上海市园林绿化行业协会

> 绿植元素的加入，能让家变得更有生机和活力，也变成一个更生活的地方。

在这个繁忙的都市，闪亮的霓虹街灯旁，或许我们还住在狭小的纸片屋里，或许生活很艰辛，然而，在凉风轻拂的夜晚，推开阁楼的小门，有一个小小的屋顶花园，在这里安静地坐一会儿，身旁飘来阵阵迷迭香和天竺葵优雅的芬芳，抬头，夜空里是一轮明亮的月。只要有家，我们依旧怀有梦想

花也 | 花开花落

待凌霄谢了,山深岁晚、素心才表

图、文 / 玛格丽特-颜

凌霄花漏斗形,色彩艳丽,橘红、橙黄为主,也有粉色凌霄,不多见,攀援性差一些

对于凌霄花,心情一直比较复杂。总是让我想起有那么一种人,极具张扬的个性,特别有进取心,所谓凌霄志。所以后来读到舒婷的《致橡树》里那句"我如果爱你,绝不像攀援的凌霄花,借你的高枝炫耀自己。"深表认同。凌霄花的攀援向上,连宋朝的陆游都颇有微词,说:"附高烨烨鄙凌霄"。

其实凌霄很是委屈无奈,比如常春藤、金银花、紫藤,都属于藤本植物,都会依附于墙壁或其他植物不停向上攀援。偏偏凌霄被人看不惯,其实有些人骨子里的清高,借题发挥而已,凌霄只是悲催地被当了枪使。

后来的很多年,对凌霄感觉还是一般,总觉得它绿得张牙舞爪,酷热的天气里依然浓荫一片;花又开得太过浓烈艳丽,铺天盖地地红橙耀眼,毫无雅致。所以每年的夏秋之际,即便满街廊架上随处可见,却很少去瞩目。偶尔拍一下,也是觉得色彩过爆,和美图相差很远。

57

凌霄的羽状复叶非常有特色，小叶卵形，边缘有锯齿。秋末冬初会冻成黄褐色，逐渐凋零

终于打动我的是凌霄初冬的叶。那天有些冷，从凌霄藤架旁经过的时候，一如既往地漠然和无视，甚至都没意识到枝条上已经一朵花都不剩，前段时间的落花也早就被清理干净。突然就看到了那几枝附在网格架上的凌霄叶子，叶脉特别地清晰，被冻成了黄褐色，拂着几丝红晕，阳光下有些怯怯地躲闪着，似乎也知道我对它的不待见。心里就那么咯愣了一下，很是惭愧长久以来对它的漠然和不喜。

如此的凌霄，烈日下顽强地攀援和怒放，热情着灿烂着，即便到了冬日，依旧展现着美丽的色彩。别人不喜也罢，嫌弃也罢，春非我独春、秋非我独秋，只是既然来过这个四季，为何不能展示怒放的生命。

关于凌霄

凌霄花是紫葳科、凌霄属攀援藤本植物,拉丁学名:*Campsis grandiflora*

茎木质,表皮脱落,枯褐色;羽状复叶,小叶卵形,边缘有锯齿。

凌霄主要分布于中国中部,江南常见。

性喜温暖湿润、有阳光的环境,稍耐阴。能借气生根攀援它物向上生长,牢牢地附着于固状物体上,即使狂风暴雨,也吹落不下。花漏斗形,色彩艳丽,橘红、橙黄为主,也有粉色凌霄,不多见,攀援性差一些。另有一种硬骨凌霄,花小,秀气很多,根本不攀援,在贵州山里见到很多原生种,11月还在开花。

凌霄花的花语是"敬佩、声誉",寓意着慈母之爱。

凌霄攀援的气生根

生长习性

凌霄喜充足阳光,也耐半阴。适应性较强,耐寒、耐旱、耐瘠薄,病虫害较少。

较耐水湿,忌积涝、湿热,一般不需要多浇水。

不喜欢大肥,不要施肥过多,否则影响开花。

花开时枝梢仍然继续蔓延生长,且新梢次第开花,所以花期很长,几乎从5月一直开到10月,夏日里则是它的盛花期。

院子需要足够大底盘才能种凌霄，生长旺盛，攀援性极强

非洲凌霄

硬骨凌霄

古诗词里的凌霄花

凌霄早在春秋时期的《诗经》里就有记载，当时人们称之为陵苕，"苕之华，芸其贵矣"说的就是凌霄。

苏轼的《和陶饮酒二十首》写凌霄，已然潇洒。

"我坐华堂上，不必麋鹿姿。时来蜀冈头，喜见霜松枝。心知百尺底，已结千岁奇。煌煌凌霄花，缠绕复何为。举觞酹其根，无事莫相羁。"

宋朝洪咨夔的"促织声来竹裹，凌霄花上松梢。"和梅尧臣的"凌霄花在古松上，也笑向人人不知。"则是描写了凌霄花攀援在松树上的情景。

凌霄花落，总是会引起古人很多感伤。

比如宋朝诗人释法照写："钱王古庙锁莓苔，华表秋深鹤不来。昨夜石坛风露重，凌霄花落凤仙开。"。以及明朝的诗人偶桓写："溪山深处野人居，小小帘栊草阁虚。洒面松风吹梦醒，凌霄花落半床书。"又是另一番意境。

最得我心的是宋朝的吴文英的词《水龙吟》：

"有人独立空山，翠鬟未觉霜颜老。新香秀粒，浓光绿浸，千年春小。布影参旗，障空云盖，沈沈秋晓。驷苍虬万里，笙吹凤女，骖飞乘、天风袅。般巧。霜斤不到。汉游仙、相从最早。皱鳞细雨，层阴藏月，朱弦古调。问讯东桥，故人南岭，倚天长啸。待凌霄谢了，山深岁晚，素心才表。"

待凌霄谢了，山深岁晚，素心才表。

这个冬天，凌霄早已谢了。

花也 | 花开花落

冬日阳台上的仙客来和蟹爪兰

图、文／玛格丽特－颜

大花仙客来和多数迷你仙客来都是没有香味的，然而有些迷你仙客来的品种会带着迷人的甜香，淡淡的极为雅致。花型也更为丰富，有的带蕾丝花边，或像郁金香鹦鹉系那种羽毛状皱卷边，非常别致

每年的12月初，花市上便开始卖起各种各样的仙客来，总是会忍不住买上好几盆。仙客来属于多年生植物，扁球形的棕褐色块茎，特别不容易过夏，放在院子里，一不小心就烂了。也有几年顺利过夏了，然而叶子枯枯拉拉的，不好看，还占地方。反正花市上10多元就可以买上一盆，喜欢的颜色各来几盆，也没多少钱，可以不断开花到第二年的4~5月。于是，便不再精心养护，每年到了冬天再去买上一批。我算是个资深的爱花者，但不是个严谨的种植者，归根结底还是因为太偷懒吧，所以仙客来，绝对是懒人的冬日必选。

仙客来
Cyclamen persicum

报春花科仙客来属的多年生草本植物。原产于希腊、叙利亚、黎巴嫩等地。

仙客来，其实是它学名Cyclamen的音译。据说是在20世纪二三十年代仙客来刚引进中国的时候，国画大师张大千根据英文的发音而取的名字。仙客来也被叫做兔耳朵、篝火花、翻瓣莲，都和它开花的形态有关，也有叫萝卜海棠，我想是因为它的块茎和红色的花吧。

仙客来的品种大致有大花型、平瓣型、洛可可型和皱边型。如果论花色，那就太多了，一般我们分为大花仙客来和迷你仙客来两种。最早市场上以大花仙客来为主，花大而艳，有点太过热闹。而且花太大，偶尔缺个水，花秆就歪歪扭扭，再也直不起来了。相比下，迷你仙客来精致了很多。花小而挺拔，花和叶两个层次，花开不断，还较大花仙客来更为耐寒，即使到0℃左右，也并不会冻坏。

仙客来养护要点

1. 仙客来喜温暖湿润，但是怕涝，浇水要"见干见湿"，就是等干透后再一次性浇透水。可以注意观察仙客来的花茎或叶子，如果有些微微发软，就表示要浇水了，更保险的是掂一下盆，仙客来喜欢肥沃透气的土壤，一般都是用泥炭混合珍珠岩种植。干透后花盆会很轻。

   阳台种植，浇水最好用浸盆法，用一个小水盆，里面放一半的水，把仙客来整盆放进水盆里，注意水面不要高出盆面，不然里面的泥炭就飘了起来。半个小时后，保证介质吸足了水分，沥水后摆在原来的位置。根据水分的挥发程度，又可以坚持三四天或一周的时间。

2. 施肥的原则是"薄肥勤施"，不过开花期间可以暂停施肥。防止太肥了，花苞脱落或者烧根。

3. 开花期需要阳光充足，温度不宜太高。10~20℃表现最好。

4. 及时拧去残花，不然会浪费养分，影响后面的开花。拧残花，要注意捏着花茎旋转，让花茎从最底部处拧下，不然残留的花茎容易霉烂。

5. 仙客来夏天怕热，忌阳光暴晒，阴凉处可以安全度夏；冬天怕冷，0℃以下需要防护过冬。不过迷你型品种的仙客来则表现很好，更加耐寒些。可以整个冬天都摆在开放或半开放的阳台上。

6. 夏季属于球茎休眠期，一定要彻底断水，保持通风良好，保持阴凉的环境，温度最高不可超过30℃，避免遭受雨淋。一般于8月底~9月中旬开始萌发新芽，这时应及时更换盆土。换盆时，球茎只带部分宿土，栽植不宜过深，一般以球茎顶部露出土面1/3为宜。初栽后盆土不要太湿，稍有湿气即可，以后根据植株发芽情况，再逐渐增加浇水量，并给以充足日照。施肥和浇水时，要避免淹没球顶，否则顶芽容易腐烂。

   仙客来成年球茎一般到12月初就能开花，第二年2、3月达到盛花期，开花陆续到5月左右，北方会更晚一些，但大部分到6月以后开始脱叶，这时候就要减少浇水了。

   仙客来老球茎开花会逐年延迟，而且老球茎还会逐渐衰老，花开得越来越少，失去栽培价值，球茎也容易腐烂，所以还是每年买吧。

7. 病虫害：一般冬天在花市上买回成株，保持环境通风，不要让盆土太过湿润，减少霉菌的滋长。

蟹爪兰养护要点

蟹爪兰是喜欢温暖湿润的植物，别忘了经常给枝条喷水，这样鲜绿油亮的叶片，配上翩翩飞舞的艳丽花朵，再套一个漂亮的紫砂盆或釉盆，房间里立刻就靓丽了。

1. 蟹爪兰生长适宜温度为25℃左右，超过30℃进入半休眠状态。冬季室温保持在15℃左右，低于10℃，温度突变及温差过大会导致落花落蕾；开花期温度以10~15℃为好，并移至散射光处养护，以延长观赏期。上海的冬季不能在户外过冬，最好放在温暖通风并有充足光线的阳台或窗台上，干了一次性浇透水，太湿了容易烂根。

2. 花朵开在叶片的顶端，有的叶片上会有好几个花苞，可以适当去掉些，留最健壮的几朵。

3. 花期需要继续施肥，不然营养跟不上，很容易掉蕾，花期也会受到影响。但是肥水过量却有使植株死亡的可能。

4. 生长季节保持盆土湿润，避免过干或过湿。空气干燥时喷叶面水，特别是孕蕾期喷叶面水有利于多孕蕾。

5. 春季花谢后，及时从残花下的3~4片茎节处短截，同时疏去部分老茎和过密的茎节，以利于通风；有时从一个节片的顶端会长出4~5个新枝，应及时疏去1~2个。

6. 蟹爪兰属于多年生植物，夏季高温空气干燥，加上通风不良，很多人会养死。注意选择通风透光的阴凉处放置，少浇水、忌淋雨，以免烂根，可以向植株和植株附近的地面喷水，以增加空气湿度、降低温度。

7. 蟹爪兰常发生炭疽病、腐烂病和叶枯病等危害叶状茎，特别在高温高湿情况下，发病严重，介壳虫也是易发虫害，要对症下药，保持通风非常重要哦。

忘了什么时候开始喜欢蟹爪兰的了，有一年偶尔在一堆大红和玫红的蟹爪兰里发现一棵白色的，天啊！白色几近透明的花瓣，纯洁无瑕，简直美若仙物，立刻买下。没想到在阳台上放置一段时间后，突然有一天午后，看到白色的蟹爪兰开的花，花蕊是很浅的黄色，中间突出的花柱是玫红色的，白色花瓣折叠反卷，像极了一只正展翅飞翔的白天鹅，美呆了！中间露出的一小点红色，恰好是天鹅的眼睛。从此白色的蟹爪兰成了我的至爱。

蟹爪兰
Zygocactus truncatus

仙人掌科蟹爪兰属的附生肉质植物，属于大家常说的多肉植物。

蟹爪兰也被称为：圣诞仙人掌、蟹爪莲、锦上添花、螃蟹兰等。一般蟹爪兰老茎木质化，呈灌木状，茎悬垂，很多时候花市上会用嫁接的方式搞成伞状的一大丛，开满花的那种，太假，反而不如自然生长的白色好看。

蟹爪兰之所以叫这个名字，还是和它扁平且带刺的幼茎有关，一节一节的，很像是螃蟹的爪子。花单生于枝顶，花期会从10月开到第二年的2、3月。

常见的是大红和玫红，也有杏黄色。其实国外园艺种的蟹爪兰还挺多，大多从美国、日本、丹麦等国引进。常规品种有茎淡紫色、花红色的圆齿蟹爪兰；花芽白色、开放时粉红色的美丽蟹爪兰；花芽红色的红花蟹爪兰及拉塞尔、巴克利、钝角、圣诞仙人掌等。

花也 | 植物专栏

鼓槌石斛

附生树干生长的石斛

图、文 / 徐晔春

　　石斛属为庭院常见栽培的兰花，园艺种极多，主要分为 Nobile type 类型，即节生花石斛类，俗称为春石斛，本类在低温下才能形成花芽开花；Phalaenopsis type 及 Antelope type 类型，前者为蝴蝶石斛类，后者为羚羊石斛类，俗称为秋石斛，大多数只要温度适合，全年皆可开花。石斛属约有 1500 个原生种，很多种类观赏价值极高，适合造园，下面介绍几种原生石斛。

作者简介

徐晔春，研究员，现从事花卉文化及产业经济研究。主编、参编著作 60 余部，发表科普文章二百余篇。多项科技成果获部、省、市奖励，兼任广东花卉杂志社有限公司总经理。建有"花卉图片信息网"（www.fpcn.net）等公益网站。

鼓槌石斛 *Dendrobium chrysotoxum*

茎粗，纺锤形，叶长圆形，花序斜出或稍下垂，花金黄色，稍带香气。花期3~5月。本种是最易栽培的种类之一，可在全光照下生活，越冬不宜长期低于8℃。最宜植于古色古香的屋脊或树干上，也可于枯木或附于山石上栽培。

美花石斛 *Dendrobium loddigesii*

茎细弱，下垂，叶小，花多为紫红色，唇瓣上面中央金黄色，边缘具短流苏。花期4~5月。可耐0℃左右的低温，喜湿润及较强的光照。可附于庭前树干及稍蔽荫岩石栽培。

石斛 Dendrobium nobile

具多节，叶长圆形。花序多花，花白色带淡紫色先端，唇盘中央具1个紫红色大斑块。花期4~5月。可耐0℃左右的低温，可在全光照下生活。可附于树干栽培可植于岩隙中观赏。

杓唇石斛 Dendrobium moschatum

茎长，具多节，叶长圆形至卵状披针形，花序下垂，花疏生，深黄色，唇瓣极具特色，边缘内卷而形成杓状，极似杓兰。花期4~6月。喜高温，全光照或半阴。宜附于树干栽培或盆栽。

束花石斛 Dendrobium chrysanthum

茎下垂，叶二列，花序2~6花为一束，花黄色，唇盘具1个栗色斑块。花期9~10月。本种株形美观，花量大，有极高的观赏价值。可耐0℃左右低温，喜半阴至全光照，宜植于庭前的树干或岩壁上观赏。

小黄花石斛 Dendrobium jenkinsii

茎密集，纺锤状或卵状长圆形，叶长圆形，花序具 1~3 花，橘黄色。花期 4~5 月。喜高温、不耐寒。适于庭前树干栽培或板植。

球花石斛 Dendrobium thyrsiflorum

茎直立或斜立，叶生于茎的顶端，花序下垂，花密生，萼片和花瓣白色，唇瓣金黄色。花期 4~5 月。可耐 0℃低温，喜湿润及半阴环境，适合附树栽培或盆栽。

聚石斛 Dendrobium lindleyi

本种与小黄花石斛形态相近，但花序疏生多花。适合附于树干或用桫椤板栽培。

盆中杂芜亦锦绣

图、文 / 锈孩子

作者简介

锈孩子，70后，现居江苏常州。野性花园缔造者，生态调查、自然教育志愿者。没入自然深处码字按快门的人。

"我们的园艺造景，若能充分开发本土那些给点雨水就蓬勃、给点阳光就灿烂的野生植物，借鉴野生生境的群落搭配，管护粗放，成本更低，同时也是对生态物种的保育，何乐而不为？"

——锈孩子

中国繁缕气质仙

与蚤缀同为石竹科纤微质朴的野生小家伙，定居花盆的还有球序卷耳、鹅肠菜。今年冒出的一种石竹科的繁缕，萌发在球根们休眠的盆中，见我无清剿之意，渐渐密生成盆内主角，纤长枝条荡垂而下，在没有阳光直达的阳台，仅靠散光竟也开出秀气精致的小白花，被细长的花梗挑着，很仙。五枚花瓣尖细，有深裂。总觉得它与习见的繁缕不同，自有独特处，依据多达十枚的雄蕊，判断其为苏南地区蛮少见的"中国繁缕"。这便成了谜，它如何登陆我阳台的呢？难道是因我常行山径郊野，不经意的携带传播？缘份呢！

野生小清新：蚤缀

某日，友至："看看你的阳台呗。"热情迎入，四下环顾，友人落目其中一盆，皱眉看看它，再看看我，叹："你竟种杂草？路边到处是！猛一看吧，你这阳台不上档次，哼哼。"我看看它，再看看她，笑："它不叫杂草，叫蚤缀。对我来说，生命不分等第，各具其美，呵呵。"

蚤缀非我所种，是上天所赐，被发现在雪下，一只曾用以育苗的"小黑方"，盆中废土养分早被前任榨干，不知何时蚤缀们悄然落户，满盆吐翠，平素从没资格与园艺显贵们争艳斗美，从未入得园艺爱好者眼中，但在姿色退尽、满目灰白枯褐的深寒季，这一小簇齐刷刷的鲜绿，养眼，惊艳，简直奢侈。将小黑方套入粗陶盆，不用整容修饰，冬日小清新，美景天成。

曾在我的专栏"阳台来客"中写过《野草总动员》，记录了十六种盆中野生植物（实际已达近三十种），开篇提及的就是蚤缀："想想，被精心服伺的园艺花草们，不都是曾经的荒原野草？杂芜之绿也是绿，它开的花也是花，在我眼中，美无贵贱。虽然，也会经常清除过于反客为主，夺取养分的它们，但我象对待园艺植物一样欣赏它们，花盆里有保留地接纳。比如，这盆蚤缀。它们在多数园艺花卉退场的寒冬，发起总动员，珍视每一撮尘土给予的生存机会，往往逆袭成功，长得任性而自在。在少花少绿的季节里，爆盆的绿，真是心头爱。"

其实它还是一味不错的野地食材，煮汤炒蛋皆宜。

老鸦柿雌雄异株，因此这一棵历来未见得结果，但我看重的是陪其始于种子的成长

剪春罗

喜欢人工的阳台花园，蓬生着自然野趣。除了盆中兀自生长的野生植物，用野采的种子培育，也是我莳弄花草的重要内容，目前已成功出苗的有近二十种，多数来自本地。还是接着讲石竹科，必提剪春罗。与它邂逅在常州与安徽交界的溧阳山区，本为拍摄羊乳花而去，却绝望地看到曾着生羊乳花之处，因竹林拓展早被砍秃。悻悻转身欲离开，眼光猛然与一团鲜亮橘红撞碰，简直是连滚带爬凑近打亮，呀！是我在本地山野寻找多年的剪春罗！初夏山间虽被浓绿覆盖，但山花多已荼蘼，剪春罗独秀于山，正应了宋代赵蕃所言："……茂草之中独剪春罗花炯然"。花量不大，花朵在江南野生草本植物中不算小，五片花瓣平展，边缘细碎的齿状缺刻，让整朵花仿若手工剪纸所裁。花型花色，有一种呛人的傲娇气场，激情、高调、炫目而不艳俗。个人认为比剪秋罗更秀气些。一个月后，成功采到种子，来年开春，阳台成功发芽，以普通花土种植，从未施过肥，移盆后两个月的初夏，在阴晦的梅雨季中，绽放啦！瞬间夏季阳台颜值提升到新高度。

老鸦柿

野采种子亦有道，以不影响其在原生地的生息繁衍为度。绝不在野外挖根、采花。常见缀着漂亮红果果的老鸦柿被盆景爱好者刨挖，留下大大小小的深坑，让人痛心。我开始在阳台从种子开始培育传统盆景，但再三考虑，最终仅留一株，其余全部移入本地山区、乡间或赠予学校。而今，有的早长成大小伙大姑娘需要仰视了！立于树下，那是相当地有成就感！

盆栽比地栽果实更玲珑小巧

女萎在花盆中刚长一年

窗景

花如蕾丝婚纱

一株女萎苗全株叶有斑锦

被金黄色"染发"的花儿

老鼠瓜

以野种种成功的观果植物，最有趣的当属老鼠瓜。葫芦科栝楼属的它，是四年前滇西南边境地区十八天行走的野地收获之一。作为藤本，意外发现它们不需要搭架，用以攀缘的触须，竟会分泌一种物质粘于所遇之物。家里的外推窗被它披上绿窗帘，当一枚一枚橄榄球般的红黄色"小老鼠"们挂于其上，楼下开始有人问："你家辣椒样子好奇怪，为啥还长藤上？"栝楼属的花卉，边缘都有细腻精美的婚纱般丝缕状的蕾丝，而我种的，许多"婚纱"边缘的细丝常泛金黄色，酷似被染发。花果都充满谐趣，不输园艺售卖的观赏葫芦吧？

女萎

藤本中，野生于苏南山区的毛茛科铁线莲属的女萎，是一味中药。单纯的白花在铁线莲家族的群芳谱中，淳朴不起眼，至少在江南野外，与短柱铁线莲花卉的高颜值不能比拟，然而一直未有机会采到短柱的种子。但女萎同样让我珍爱，特别是花盆中有一株苗从发芽长出第一片真叶，就出现芽变，叶上有斑锦，随后整株叶片都有此变异。野心勃勃瞎想：没准儿能培养成可观叶的铁线莲品种呢！

谁能想到它来自一小节山野断根

石韦

野生石韦，是我盆栽观叶植物里的钟爱。作为一种附生于石的常见蕨类，在本地我却只在苏南丘陵靠山顶的竹林旁的石块上见过它。极有灵性的蕨类，有鳞片的根如蛇，游走石上，成片大而厚实的披针形叶片，像一丛丛岩石的碧绿毛发，当山顶的寺庙扩张，心疼它们很快将被糊死在水泥之下，于是挖掘机下捡起一小节断根，细弱不足三寸长，带回试试看能种活否？仅靠少量废土和山里捡的树皮之类，一年多，这盆绿得油旺旺的石韦，已是阳台蕨类的当家名角儿。在所有种过的蕨类里，它是唯一可以全年露养的。夏天放北侧窗外不暴晒勤浇水即可。要知道现在江南的气候，冬天可以冷到超过-10℃，多数园艺观赏蕨类来自热带，很难耐受。

萌新根探新叶

幽蓝的梓木草花天生丽质

梓木草

当下绣球花在园艺中大热，我因种过一盆来自欧州的藤本绣球，深以为傲。虽从未开过花，但自认"稀有"。当峨眉山的野生冠盖绣球，以不可思议的壮观之藤和花量惊现眼前，被震撼的那一瞬，深深感慨，中国果然有极丰富的野生植物种质资源，汗颜自己如此孤陋。我们对自己野地里的宝贝们，是不是见识太少，呵护太少？

今年采集的本乡本土的梓木草、还亮草等种子，只等来年春暖生发于盆。我是蓝紫控，格外青睐这两款蓝紫色系适宜盆栽的草本野花。前年春天城郊小山坡发现梓木草正值盛花，成片蓝花幽然，成串怒放的淡紫色芫花穿插其中，这二者形成的草本地被与灌木参差错落的天然花境，不逊于而今到处都搞的泊来的薰衣草花海吧。

冬日繁花的酢浆草

图、文／道道

秋植球根类酢浆草是近几年才逐渐发展起来的一类球根花卉，400余个品种9～10月种植，不同的品种不同的花期，可以从9月一直到延续到来年的5月。此篇主要介绍一些花期集中在12～2月，在最寒冷的季节盛放的一些酢浆草品种。

作者简介

道道，本名张伟，2008年毕业于安徽农业大学观赏园艺专业，对观赏植物一直有非常浓厚的兴趣，2014年左右开始萌生自己做球根类植物繁殖的想法，2015年辞职开始全职做小型球根类植物的繁殖和育种，同时经营一个以小型球根类植物为主的网店。

藤双色酢浆草
Oxalis tenuifolia

花期12~2月，柔弱纤细的植株，却花量惊人，小巧的花朵搭配花瓣背面红白双色的条纹，甚是可爱。

红花鸡毛菜酢浆草
Oxalis nortieri 'Dysseldorp'

花期12~2月，这个品种的叶片非常有趣，单个叶片和鸡毛菜的叶子一样，配上玫红色的花朵，有一种错搭的感觉，这个品种大球花量很大，小球种植不太容易开花。

奶白蝴蝶叶酢浆草
Oxais perdicaria

花期11~3月，无茎的品种，植株比较小巧，叶片如蝴蝶的翅膀一样，花色是柔和的奶白色，花期超长。

微型酢 *Oxalis minuta*

花期12~2月，小株型，小花型，花量足，适合杯子大小的盆子单独种，非常秀气。

斑叶黄花蝴蝶叶酢浆草
Oxalis lobata

花期11~3月，蝴蝶叶系列的另一个品种，花朵是明亮的黄色，适合喜欢浓烈色彩的爱好者。

绒毛丽花酢
Oxalis pulcella var. *tomentosa*

花期11~2月，丽花系酢浆草是一类花朵非常精致的品种，绒毛丽花酢更是其中的佼佼者，酢浆草里独一无二的肉粉色，开花性也是丽花系酢浆草中最好的，是一个非常值得种植的品种。

△ 紫白芙蓉酢 *Oxalis purpurea* 'Lavender&White'

▽ 红喉芙蓉酢
Oxalis purpurea 'Ulifoura'

芙蓉系的酢浆草品种也比较多，花期11~2月，开花持久，可选的花色也很丰富，白、黄、粉、浅紫色、深红色、橙粉色等都有，紫白芙蓉和红喉芙蓉是芙蓉系酢浆草里表现稳定的品种。

酒红酢 *Oxalis glabra* 'Salmon'

花期11~2月，酒红酢的花瓣薄，花色是一种非常特别的红色，在日光下有一种彩绘玻璃一样的质感，非常美艳。酒红酢的种植要求比较高，对水分比较敏感，种植基质需要大量的颗粒，尽量减少浇水。

天蓝酢浆草
Oxalis ciliaris 'Sky Blue'

花期11~2月，虽然名字叫天蓝，但是实际花色确是粉紫色，不过在酢浆草的花色里仍然是很特别的，花量和花期都很好，这个品种和酒红一样对水分比较敏感，种植要求稍高。

秀丽酢浆草 *Oxalis pusilla*

花期12~4月，纤细的叶子、白色的小花、每个花瓣下部的一点红斑，充满了灵气，花期可以一直延续到春天，观赏期非常长，这个品种球小，需要种植稍密才会有效果，一般口径12厘米的盆需要5~10球。

双色冰淇淋酢浆草
Oxalis versicolor

花期12~2月，这个品种的花瓣背面是对比极强的红白双色，是一个半开状态下颜值爆表的酢浆草品种。此品种也需要密植。

垫状酢浆草 *Oxalis densa*

花期12~4月，垫状酢的叶片密集，植株整体像绒球一样，花量可观，花期也很长，花朵经常会在植株上开出一圈花环，配上精致的盆子，垫状酢花期的时候就像是精致的工艺品一样。这个品种由于叶片密集，对水分比较敏感，建议用纯颗粒加少量泥炭种植，浇水也要极小心植株不要沾水。

△ 黄花伞骨酢
Oxalis cathara yellow

▽ 伞骨酢 *Oxalis cathara*

花期12~2月，伞骨酢的叶片是轮轴状的，是一种极具结构美感的的酢浆草，有黄色和白色两个品种。

粉白桃之辉酢 Oxalis glabra 'Pinky White'

花期~3月，粉白桃是一个非常受种植者喜爱的品种，粉嫩的花色，极大的开花量，养护也比较容易。粉白桃是小型品种，需要密植，口径12厘米的盆需要种植20~30球。

△ 红背酢 '飞溅 'Oxalis luteola 'Splash'
▽ 红背酢 Oxalis luteola MV5885

花期10~2月，红背酢的花期跨度很长，不过这个系列所有品种都是明黄色的花朵，飞溅和MV5885是两个叶片观赏性也很高的品种。

细叶香花酢 Oxalis phloxidiflora

花期10~1月，如其名，这个品种有很强的类似茉莉花的香味，非常好闻，扩散性也很强，单为冬天增添一股花香也很值得种植。这个品种需要密植。

鲑鱼长发酢 Oxalis hirta 'Salmon'

花期10~1月，长发系酢浆草的品种很多，花期集中在秋末，鲑鱼长发酢是其中极少数花期可以延续到1月的品种，非常浓烈的颜色，爆满的花量，在冬天是非常养眼的。

秋植酢浆草是一类极为喜光的球根植物，在冬季的开花能力和日照有着直接关系，非常适合南向的阳台和阳光房，温度能够维持0℃以上就可以了。

钝叶酢浆草系列 *Oxalis obtusa*

最后介绍的是 *Oxalis obtusa* 钝叶酢浆草系列的品种，也有直接叫 ob 酢或者春酢的，这个系列有 100 多个品种，颜色丰富，不同色调的黄、橙、红、粉、紫、黄橙双色、红橙双色、粉紫双色等等，几乎包含了暖色系的所有颜色，很多品种的花朵还有精美的喉部，花期 12 月底至 4 月，花量极大，单朵花能维持 4~6 天，很容易开到爆盆，是秋植酢浆草花朵观赏性最好的一类。钝叶酢浆草希望花期提早开需要尽早种植（10月中旬），并且维持非常好的光照条件，管理好的钝叶酢浆草 12 月底开花，1 月中旬花量就会比较可观，开花可以一直延续到 4 月休眠期。

冬日温暖
浪漫清新韩式裱花

图、文/钟惠燕

作者简介

燕子老师（钟惠燕），广州蜜窝烘焙工作室创办人，热爱蛋糕装饰艺术，擅长韩式裱花、糖霜饼干和翻糖制作。她的裱花作品花瓣透薄亮丽、造型温馨、色彩搭配丰富。

韩式裱花色彩缤纷绚烂，花朵形状和色泽大都源自天然，不追求刻意的工整，整体浪漫唯美。这个冬季，学做一款韩式裱花，让我们陶醉在它的"倾世容颜"下，温暖到内心深处。

裱花步骤：

玫瑰（花用的是104号花嘴）

图1：在花丁上挤一个圆锥形的花托，底部直径2厘米，高度为3厘米左右。

图2：在花丁的12点钟方向开始裱第一瓣花瓣，同时转动左手。第二瓣花瓣在上一瓣的中间开始。

图3：依次裱出第一层的三瓣花瓣，要求包住中间的花芯。

图4：裱第二层花瓣的时候，裱花嘴的角度与花丁垂直，连续裱出五片花瓣。

图5：第三层花瓣，裱花嘴的角度稍微打开一些，这样玫瑰才会呈现出层层打开的姿态，裱出五片花瓣。

图6：最后一层花瓣，裱花嘴再倾斜一些，最后裱出五到六片花瓣。

花毛茛（花用的是104号花嘴）

图1：先在花丁中心挤一个绿色的花托，底部直径2厘米，高度为3厘米左右。

图2：右手把花嘴放在花托的12点方向，顺时针稍微向上包住花托，同时左手逆时针旋转，第一层三片花瓣包住花托。

图3、图4：换一种颜色，用同样的方向和角度挤出花瓣，第二层开始每层五到六片花瓣，一直裱五六层。

图5：注意每一层花瓣都比上一层高一些，中间会凹一个小洞，这样看起来会更神似。

图6：花嘴角度打开一些，贴着上一层，挤的时候手稍微抖动一下，做一个卷边的效果。

图7：打开的花瓣挤两到三层，不一定要很整齐，每一片花瓣错开、大小不一。

花球（花用的是 3 号花嘴）

图 1：在花丁中间挤一个直径 1.5~2 厘米的圆球。

图 2：在圆球的底部开始挤一个逗点，然后收力轻轻往 45°角一拉。

图 3：沿底部挤一圈，注意大小、长短和角度要一致。

图 4：连续一圈一圈往上挤，挤的时候注意每一层的角度都比上一层稍微往上提，同时注意保持球状。

图 5：最后收尾，角度往上拉，把缝隙填满。

绣球（花用的是 102 花嘴、花芯用的是 3 号花嘴）

图 1：在花丁中间裱一个底座。

图 2：在底座边缘上面裱第一片花瓣。

图 3：每一片花瓣都在前一片花瓣的下面开始裱，总共裱出 4 片花瓣。

图 4：第二朵花在第一朵花的两片花瓣之间开始，注意调整方向，不要两朵花瓣碰在一起。

图 5：每一组裱三朵花，多裱几组组合在一起。

图 6：最后用 3 号花嘴点上花芯。

裱花基本动作

左手拿花丁，逆时针转动，右手拿裱花袋，顺时针转动。裱花袋不要装太多奶油霜，像握住一个鸡蛋那样，这样容易控制力度，挤出来的花瓣会比较均匀。

裱花嘴尖的那头朝上，宽的那头朝下。

小菊花（花用的是 102 花嘴、花芯用的是 3 号花嘴）

图 1：先裱一个底座，从花丁的 12 点方向开始裱第一片花瓣，第二片花瓣在前一片花瓣的下面开始。

图 2：裱完第一层后，第二层花瓣的大小比第一层稍微小一些。

图 3：以此类推，每一层花瓣都比上一层小一点，不能小太多，从侧面看，要保持一个半圆体。

图 4：大概裱五到六层。

图 5：最后用 3 号花嘴点上花芯。

不同种类花型做好后，最后是花型组装，当中的花瓣要比较高，一层层往下裱，这样才有立体感，各种花型像簇簇盛开的花朵。

手造一朵有温度的花

图、文 / 都朵

作者简介

都朵，手作设计师、时装设计师。北京服装学院学士学位，自幼喜欢手工制作，机缘巧合下接触了高级定制手工艺，便结下不解之缘。手作，材美与巧手，融于心境。都朵老师用脑和心去编织，针法和色彩的组合可以变化无穷，棉麻丝线交替使用，用不同的排列，多色彩的组合，巧妙绣缀，创作出绚丽作品。开设造花课程之外，还有刺绣、钉珠、羽毛缝制、配饰制作等课程。

冬天已经到来。这个季节总给人以沉寂、安静的感觉，万物开始凋零，等待着下一春的绽放……但，如果能拥有几朵永恒而不凋零的花，你一定会欣喜。在等待花期的冬季，用双手打造一朵永不凋零的花，让它温暖整个冬天。

造花，不是为了还原真实世界的花；
要充满想象，注入自己的情感；
让蚕丝赋予微妙的立体；
曼妙的褶皱，
细腻的表情，
每一朵花都绽放着独特的生命力。

有温度的手作花诞生

造花是一门精致的手艺,因为整个造花的过程需要制作者不断耗费心血来雕琢、造型,一朵成品花需要耗费几十片甚至上百片花瓣,每一朵都要经过上述步骤,一遍遍地重复。最后才能倾注成一朵手作布花。

所以,布花的价值不能简单地评估为:不就是布和颜料嘛,又不贵。就像没有人认为梵高《星空》的价值是颜料加帆布。布花的制作就是一个艺术创作的过程,她凝聚了制作者的灵感与感悟,每一朵花都有其独立的姿态和灵韵。

在制作布花的过程中,布料选择错误、浆布比例不对、花型设计出问题、剪裁的精细度、染色失败、烫花温度掌控不对、组合的生硬等等出的差错,哪怕只有一个环节,都会让所有努力前功尽弃。哪怕是手艺人个人审美的高下与艺术造诣的不同,也会对造花有所影响。

每朵烫花都是诞生于一块白面料。在一块白布上绘制花型,裁剪,再染色。晾晒时要选择晴朗的天气,自然晾干。晾干好的材料,晾干以后握着烫花器一瓣一瓣地烫出花瓣的形态。用胶水一瓣一瓣地组合,用细细的铁丝先固定叶子。一朵烫花在整个过程中付出了时间和造花的美好情绪,所有的花儿就变得有了温度,有了生命。

造花 VS 古代绢花

绢花,在法语中被译为"fleur de soie",也就是"用丝绸制作的花"。绢花制作起源于中国唐代,传入欧洲后在法国得到更为广泛的发展。现在的造花与古代绢花只是某些技巧与工具上差异,比如古代多用热汤匙(瓷或铁)透过炭加热后熨烫塑型,现代使用酒精或插电用烫花器塑型。其差异并不显著,只是颜料上的差异与成分的不同。

都朵老师在这里教大家一款手工造花，新手可以对造花整个过程有个大概的认识。大家平时虽然会买鲜花，但持续时间总是很短。

需要准备：烫花器、烫垫、剪刀、纱（缎或真丝）、染料、纸包铁丝、白胶、保丽龙花心

剪模

每种花都是由无数花瓣组成，首先要做的，就是剪出一片花瓣。这步很基础，其实是在考验你能不能耐心和细心。针对不同的花，使用的布料材质必定是不相同的，有些花要体现其轻盈透亮的质地，有些花要体现其厚实饱满的感觉。

染色

每一朵花瓣用染料渲染出自然的颜色效果。由于每次调色不同，以及制作人的颜色偏好不同，每一瓣花的颜色都不会相同，就好像没有一模一样的两幅油画一个道理。这一步非常有乐趣，与色彩有关的环节总能激发人的想象力。

烫花

使用烫花工具,把花瓣烫成各类形态,并在这个过程中,通过使用不同工具和指尖的力度,揉出花瓣的"表情",也就是细节和纹理。花叶、花萼等制作方法同理。

成花

造花的收尾切莫大意。需要用到铁丝来固定花身,先单朵,后几朵抱团扎紧。主要遵循的原则就是有层次感,不要盲目叠加捆绑。成花为了造型方便,可以再做叶子,一束花就出来了,简单而雅致。

温馨小贴士:

烫花器高温,可以把人烫酥,所以手握时要谨慎。

平常心,你看不论做成何种造型,都是属于你的独一无二的花。

别拘泥瓶花,其实用此方法,你可以做胸针和发带,也可以做成手工纪念品自留或送人。

造花世界,你了解吗?

造花是一项美丽而高雅的手工艺。"造花"一词来自日语,即用专业的布料和烫头制作出栩栩如生又极具艺术美感的花朵。从剪裁花瓣到染色、风干、熨烫塑形,黏贴造型,整体组合,一遍遍渲染、按压、揉捻……最后完成花的造型。

造花于近年在国内发展成为艺术手工爱好者的兴趣,被广泛用在服装设计上,家居装饰上,用途更加多变。与工厂机械批量生产的塑胶布花不同的是,高级定制手工染色烫花是每一朵花瓣从裁版、染色到成型都是纯手工制作,不会出现完全相同的两块花瓣,更不会有完全相同的两朵花,每一朵花都蕴含着设计师独一无二的创意,传递着设计师手中的温度。

都朵老师的慢生活,手作传递的温度

快速的生活节奏,让太多设计师丢失了匠人之心,一味追求多快好省,以至于丢失了精致,丢失了设计最本真的心境。愿手作设计与你而言,能带来一份珍贵的宁静。

川端康成在《花未眠》里写:"凌晨四点醒来,发现海棠未眠。如果一朵花很美,那么有时我会不由自主地想道:'要活下去'!"这就是造花的魅力,而手造布花可以让它永不凋零,一直盛放。都朵老师期待与你一起围坐造花,累了就喝杯茶吃点甜点聊聊天,一起享受造花慢时光。

新年插花，把年味提得更浓

图、文/秦莎

中国年大家都希望红红火火,此款插花采用中国传统的红色为主题,搭配点缀黄色和金色,这样的组合让人感觉到华丽、节庆气息。并且用上包装,过年的时候送人或者自己摆在家里都是很不错的选择。

新年插花,主要是营造年味,可以选用色彩鲜艳又有美好象征意义的花材。花卉与花卉之间的色彩关系非常重要,可以用多种颜色来搭配,也可以用单种颜色,要求配合在一起的颜色能够协调。选用红色冬青、金辉玫瑰两种花材合插,一个红花满枝,另一个金辉灿烂,再加上红珊瑚、红色非洲菊、郁金香等花材,色彩协调,辉映成趣,更重要的还在于以红花为主,黄花为辅,远远望去红花如火如荼,黄花点缀期间,通过花枝向外辐射,层层传递出新年的气息。

作者简介

秦莎,简花艺主创花艺设计师,《我的插花日记》以及《我的插花故事》的作者,原为国内某知名服装品牌的平面设计师,因对花艺有浓厚兴趣,为花草毅然辞去原来的工作,成为一名专业的花艺师,她的花艺在注重时尚优雅搭配的同时,又带有自然随意之感,是区别于其他花艺的一种独特的存在。

材料准备

花材：冬青、玫瑰（金辉）、
坦桑尼亚珊瑚爆竹、荷兰茵芋（红色）、
荷兰非洲菊（红色）、荷兰郁金香、
金丝桃（红色）

器皿：矮玻璃缸

配材：暗金色包装纸、红色丝带

跟着秦莎老师来做新年插花吧！

步骤1. 先将花泥切到合适大小放入矮玻璃缸中；
步骤2. 裁好合适大小的包装纸，将玻璃缸放入正中；
步骤3. 对折包装纸；
步骤4. 用包装纸将矮缸包起来，注意折包装纸的时候不要把包装纸折得太皱；
步骤5. 用丝带在包装纸外打上蝴蝶结；
步骤6. 选两枝冬青斜插在左后方。

TIPS： 每天给花泥浇半杯清水，避免日晒或者太冷的环境就可以。

步骤7. 选三支玫瑰，按品字型插在前面；

步骤8. 将红珊瑚一高一低穿插在玫瑰中间；

步骤9. 非洲菊一高一低，一前一后插在花泥中；

步骤10. 郁金香注意弯的方向，一高一矮插在一侧；

步骤11. 茵芋在不同的方向穿插进去，注意都不要太高；

步骤12. 在还看得到花泥的地方插上金丝桃。

毛豆越狱记

图、文／侯晔

　　乡舍饲养着五只狗娃，毛豆是狗娃中的大姐大。

　　大姐的身份是以先进家门排列，大姐大却是因为它一身的豪气、霸气和匪气而得名。

　　毛豆的食盆除了它的崽崽其他狗娃是绝对不好共享的，它的窝也是容不得任何狗娃靠近。毛豆常以老大的身份带领着狗娃们在花园摔跤、赛跑、跨栏、挖地道、游泳等一系列体育活动，它就像困在笼中的狼王，一心想着怎么带领着狗娃们越狱，寻找一切机会潜伏去田野里狂欢、林子里逮鸟、围剿邻居的鸡窝。

　　即使在花园里，它也常面向东南略有所思的样子，惦记着对面邻居家的鸡窝。从发生过几十条命案后我们加固了院子的栅栏，修复了河边的通道，花园门也用前后两个大桶盛满了水围堵，就在我们想着毛豆再也别想出去时。清晨6时未到，邻居又来投诉。毛豆带着它的娃小二黑再次围剿了鸡窝。院子已经戒备森严，它们是从哪越狱出去的？毛豆也真是醉了，多次围剿了人家鸡窝后还无知者无畏地尾随着投诉的邻居回家，小二黑跋山涉水从河边

"狼王"毛豆在训练狼崽子

游泳回来整个一落水狗。祸害了几十条鸡命都没有意识到闯祸犯错，我气得抓起木棍就想揍，老公飞猫将木棍换成了拍子，让我觉得对它实施杖责也是毫无道理，看我真是生气了，低眉顺眼地到飞猫脚边寻求保护又浑身哆嗦来我身边示好，害我独自流泪。

在毛豆回来之前应孩子们的要求，到狗市买了一只号称哈士奇的宠物犬，起名灰豆。回来一周不到开始生病，打针挂水吃药没能救回它一命。孩子们周末回家，第一时间先找灰豆，听说没了，自然是眼泪汪汪。

某天，和朋友聊起，她也是舍不得孩子难受。她说同事家的博美生了一窝杂交崽崽，其中有一只舍不得送人，乡下饲养条件好，看能不能给我们。就这样，毛豆和我们一起开始了城乡之旅。

乡舍刚建初期，飞猫每天车载着毛豆从城里赶往乡舍。每天，只要飞猫拿钥匙它就知道要下乡了，自主到门口坐等。在乡下飞猫一开车门就会自己跳进车里准备回城。那时候花园还没建好，也没有栅栏围墙。它每天在田野里奔跑，

遥望村庄田野的毛豆

追逐自己的影子。

夏天的某个傍晚，隔壁三爷家的鸡回窝，毛豆靠近鸡就飞起来，这下来劲了，情绪高涨好个鸡飞狗跳，吓得两只胆小的鸡露宿树林。又是某天，毛豆嘴里叼着个奄奄一息的小鸟从田野里飞奔回家，相当豪气地往门口一甩，摇头摆尾地邀功。还有某天，园子里闯进来一只猫，毛豆上去就咬，吓得猫抱头鼠窜，撵了半个村庄毛豆也没放弃，猫只好逃到树上不肯下来，毛豆在树下僵持了半个小时，直到我去将它抱回家。

就这样，毛豆到了成年期，那时候园子已经有华丽丽的草坪可以打滚晒太阳了，也不知道怎么的，家门口突然来了好些狗狗在附近溜达。毛豆每天和小伙伴在野草堆里撒野，唤也唤不回了。有一天早晨毛豆惯例出去玩，我上班了也没回，一只黑狗独自在我家草坪溜达，担心毛豆不见了。飞猫早餐后骑车去找它，在隔壁庄的田埂上，毛豆正和纯白色的狗狗谈恋爱，我下班了，毛豆带着小白来串门。毛豆真听话，前两天我对着它的眼睛说：给你的孩子选个帅气些的爸爸，小二黑太丑了。可是没过几天又发现，毛豆选了小白又从了小二黑，它的孩子将是黑不黑白不白黄不黄吗？那些天，小白和小二黑天麻麻亮就在田地里等着毛豆，毛豆出去后踢腿打滚奔跑各种欢喜，毛豆估计也是没招架住小二黑的死缠烂打豪气地牺牲了自己的爱情。

春节前，就在我们老土灶热锅的那天，毛豆生下了五只崽崽，四只白一只黑白，一妻二夫的狗界真是让人唏嘘不已，一窝崽崽居然真是两个父亲。那时候小白和小黑不知去哪了，毛豆独自抚养它们仨的孩子，喂奶舔尿训练都是不学自通。为了表彰毛豆，五只狗娃我们留养了两只：小二黑（它爹是小黑）和三小姐（它爹是小白），也就在这个时候，我们又抱回了边境牧羊犬kimi，毛豆就以老大的身份自居且越玩越野，带领着小二黑三小姐数次越狱接连闯祸。

2014年春天乡舍的建设基本完成，花园安装了栅栏砌了院墙，正前方是村子的灌溉河流，再远些有一小片树林，花园可以借景，有小河阻挡私密和安全都不成问题，就没有安装栅栏。在我们享受花园生活的同时，狗娃们圈养在前庭。谁知八百多平方米的花园根本抵不过几条田埂一片树林，毛豆神不知鬼不觉从河流游泳出去再原路返回，直到一个周末下午，村民甲拎着被毛豆祸害的鸡找来，状告了它的种种恶行，践踏麦田、围攻家禽、追赶孩童，我们除了道歉加上赔礼，村民的情绪才算缓和下来。

飞猫紧急从市场买了栅栏网将河边围了起来，这下毛豆出不去了。没过两天，

毛豆带领小伙伴们在田野里玩耍

村民乙又来了。要不是毛豆跟在他后面回来，我真会认为是冤假错案。花园四周进行排查，毛豆居然在栅栏的一角挖了个秘密通道。飞猫说：不要声张，明天早晨抓现行的。现行肯定是一抓一个准，逮回来好一阵杖责，用狗链拴在树下，看你还怎么跑。许是飞猫对毛豆的惩罚吓坏了毛豆的孩子小二黑，就在毛豆被链子拴着的当天，小二黑帮助它娘咬坏了狗链，趁我们不备再次越狱。链条咬坏了几根后我们改变了策略，放弃武力，想从思想上瓦解。一边买了不少玩具进行诱导，一边恐吓它外面的世界很险恶，出去说不定就被打死回不来了，又忙着将院墙四周进行修复加固。风平浪静的日子二十天不到，小二黑三小姐在某个月黑风高的夜晚将花园门的木条咬断数根再次帮助毛豆成功越狱。咬坏木栅栏的当天，飞猫到市场买了不锈钢网将花园门牢牢加固，不锈钢网咬坏地球人就无法阻止你们了！

　　这是一场斗智斗勇的迂回战，它们除了跳远、游泳、挖地道、咬栅栏还学会了跳高，一米五的院墙不带起步一跃就出去了，狗娃们乐此不疲愈战愈勇，我们前功尽弃精疲力尽。越狱后，飞猫总在后面追，毛豆就在前面跑。一开始是毛豆独自越狱，再后来带着狗娃一起逃，飞猫追得气喘吁吁时，小二黑会犹豫着想回来，总是被毛豆咬着拽着继续往前奔，飞猫自然是追不上它们的，跑远些毛豆就会停下来伸胳膊踢腿，意思是：你来啊，你追不上我。

　　果然，我们是追不上它了。它呢，下半辈子也只好和链条一起过了。圈养不了只好拴养了。

花也 | 花园宠物

小猫咪儿
花园里的"雪碧"和"可乐"

图、文 / @米猫CAT

小黑"可乐"

小白"雪碧"

作者简介

李澜，曾经是工作了二十多年的金融行业职场"白骨精"，去年任性辞职后，从此成为专职伺候娃、伺候花草、伺候两猫咪的家庭"煮妇"。爱自然、爱旅行、爱摄影、爱画画、爱美食、爱折腾、爱生活的伪文艺中年妇女。

　　暖春时节，热心的花友收养的流浪猫又生了一窝小猫咪，求收养，我没有挡住小奶猫萌萌哒的诱惑，一时心软，也为了满足超级爱动物的女儿心愿，接回家一白一黑两只小猫咪。从此我家花园里多了两个新宠，分别叫它们小白雪碧和小黑可乐。

　　出生约40天来到我家，刚来时还跳不上最高一层猫爬架，啥都慢吞吞，一副呆萌萌的乖宝宝模样。两个月后它俩无论速度、跳跃还是反应都长进不小，当然少不得小主人天天各种奔跑跳高训练。从花盆里刨土、把陶粒当足球踢、叶子当猫草啃、树枝上荡秋千……坏事一箩筐，木栅栏已经完全阻挡不了它们对美丽花园的向往，除了植物和花盆屡屡中招，阳台上飞入的苍蝇、蝴蝶、蜜蜂、飞蛾无一例外没有能活过24小时的，都被两猫咪各种赶尽杀绝，身手绝对不凡。

　　女儿说猫咪的记忆力只有16小时，我对此有点体会。最近两只猫咪分别做了绝育手术，小黑住院七天后回家，小白居然完全忘记曾经朝夕相处了7个月的伙伴，随时充满敌意弓背低吼以警告恐吓入侵的"外来者"小黑！非常奇怪的是猫咪和主人之间却是无缝对接，完全没有记忆障碍问题。看来这是个值得探究的问题！

据说养狗狗的人是渴望被爱和依赖，而养猫咪的人则选择爱和被依赖，非常有道理。另外，猫咪天生比较独立傲娇，喜欢独居，根本没有群体生活、服从、等级的概念可言。还有人说小奶猫和人类的孩子一样，幼年时期的境遇对后天心理、性格及行为习惯都有影响。看来我家小白小黑温顺、乖巧、黏人也是极富安全感的表现吧。虽然它们依然无限期待外面精彩的世界，却也在我家小花园里过着鲜花美女相伴的幸福生活。

女儿九岁时候为她爱的流浪猫写了首小诗《小猫咪儿》，期待小动物们都得到爱得到照顾。

《小猫咪儿》（左伊然）

我家楼下有一只猫
我叫她咪儿
它喜爱卧在那辆黑色的摩托车上
收起雪白与橙斑纹交错的锋利爪子
等待我的到来

它的脸
唇纹与眼部周围全部都是阳光般灿烂的黄与橙
只有眉心处有一缕白毛
仿佛一颗在夜空里闪烁的小星星
它粉色的小巧鼻子上分布着一些黑色斑点
耳朵里还有些浓密的金色毛发交错
右边的耳朵尖上有一个小小的凸起
耳朵表皮上覆盖着浅褐色绒毛
它喵喵叫起来的时候几根胡须就支愣着

它几乎全身都是金黄色的
交织着浅褐色斑纹
左侧的肚皮上有一撮毛蹭掉了
现在也渐渐长出了新的绒毛
只有它的四肢大部分是白色的
左前腿脚踝部分有些黑斑
右爪是标准的雪白，后腿上还有一个可爱的圆形标记
当它匍匐前行时就像地上滚动着几个小棉花球

每天当它醒来迎接我时
总是先在低矮的灌木上磨磨爪子
再俯下来伸一个大懒腰
然后蹭到我的脚边
如果我带着些美味的、可爱的食物
它会更加迫不及待地跑过来，但依然不失优雅
总会在盘子还没有落地的时候把头探进去
原本似乎瘪瘪的肚子吃的圆鼓鼓的
它喝水时
就用它那细长的小舌头
飞快地在水面上舔一舔
那舌头上有许多它梳理毛发用的小刺，
所以舔在手心痒痒的、麻麻的

我觉得它是一只很可爱的猫咪，你觉得呢？
它的每一个动作都让我感到温暖
当然还有它的小伙伴们。

在我的眼里
它是最独一无二的猫
在所有的猫当中
虽然不算强壮
也不像你以为的那么弱不禁风
反正，我很爱它！

最美私家花园，
长木公园的前世今生

图、文 / 秋水堂

在我的这次旅行中，一连访问两次的花园不多，长木花园 (Longwood Gardens) 是其中一个。每次都会整整转上一天，临走时还都意犹未尽。长木花园被誉为最美的私家花园，它是美国园林，也是世界园林的经典。

长木花园位于费城郊区。费城是美国独立宣言的诞生地，这座具有历史意义的城市也有着三百年园艺历史，被称为美国的园艺之都，在其方圆 48 千米之内，荟萃了 30 多座对公众开放的植物园和花园。

虽说是私家花园，但今天的长木花园面积很大，占地 1077 英亩，大约有一个半咱们的颐和园，室内外拥有几十个花园，它的创始人皮埃尔·杜邦 (Pierre S. du Pont, 1870-1954) 为杜邦家族的第三代掌门人，所以长木花园也被称为杜邦花园。皮埃尔·杜邦一生膝下没有子女，但如果他今天还活在世上，一定会欣慰地看到，他的这份珍贵遗产，在四季更替之中，风物长新，每年吸引了一百三十万左右的访客。

作者简介

秋水堂，自由职业，纪录片工作者，致力于中外信息传播和交流。六年前，因偶然的机会喜欢上园艺，并开始修造自己的第一个花园 —— 秋园。

99

长木花园所在的白兰地山谷（Brandywine Valley），历史上是原住民印第安雷纳佩部落（Lenni Lenape tribe）的定居地，三百多年前，从欧洲过来的贵格会教徒（Quaker）发现此地，于是种田耕地生活下来。多年后，他们的后人以收集树种为目的建立了一个树木园，栽下了许多来自世界各地的树木。1906年，疏于管理的树木园即将被人砍伐，皮埃尔·杜邦听闻，万分疼惜，毅然解囊买下当时的树木园，百年老树得以保护下来。当时，他给友人写信称：这是一次匪夷所思的"冲动"。而他自己都没有想到，因为这一冲动，有朝一日，他成了美国历史上最有影响力的一位园丁。

带灯光的喷泉水池和经典的花园步道

有人说：一座花园，就像人的气质一样，一定会藏着主人走过的路，读过的书和爱过的人。乾隆皇帝三下江南，回宫后对杭州的西湖一直念念不忘。逢母亲大寿，修一个避暑的后花园给母亲祝寿成了顺理成章的事情，于是有了今天颐和园的雏形。

而皮埃尔·杜邦可谓最早的世界花园之旅达人，年轻时就游历过意大利、法国、英国、美国加州、夏威夷以及南美洲等地的花园；也热衷参加各类博览会，喜爱新技术，他对费城世博会上的大型水泵和芝加哥世博会的灯光喷泉技术印象深刻。购得树木园后，皮埃尔·杜邦开始修造花园。一开始，他并没有宏大的设计图，而是随着感觉，先建一个经典的花园步道，然后做了带灯光喷泉的水池，完成了他的"小目标"。如今，斯人已去，花园依旧。

101

收集了大量奇花异草的大型温室花园，建成于 1921 年

皮埃尔·杜邦的第二个花园计划是温室花园，他在英国旅行时见过水晶宫，非常羡慕。为了收集世界各地的奇花异草、也为了在冬季时也可以在花草树木环绕下招待亲朋好友，他的大型温室花园开始动工。

皮埃尔·杜邦是一位精明的生意人，也是一位唯美主义者。为了温室花园的美观，他将所有的暖气、水电管线都隐藏在地下。1921 年温室花园修成，之后温室花园里经常大宴宾客，长方桌上展示着长木花园自产的果实。

紧接着是意大利花园，现在的意大利花园，和老照片上的比较，显得小多了，原因是周边两排修剪得齐整挺拔的椴树越来越高大而茂密。是它们，见证了这块沼泽地的历史变迁。

法国花园是皮埃尔·杜邦在长木的最后一个大型工程，灯光喷泉能在 1 分钟内喷出 1 万加仑（近 40 吨）的水，达 130 英尺高（43 米），在当时实属不易，可以想象他在宾客前一键按钮后开心骄傲的表情。

杜邦别墅，是杜邦家人以前生活的地方，现在成了长木花园的历史展览馆

皮埃尔·杜邦也是一位远见卓识的智者。在暮年，妻子Alice去世，他着手建立长木基金会，并将自己身后的大部分遗产留在了这个基金会，以期长木花园能够永续发展，造福公众。美国政府为了鼓励私家园林对公众开放，对于负责管理和运营的此类基金会也实行免税政策，使得长木花园成了今天美国，甚至世界的园艺、艺术和教育中心。

我们还去了杜邦别墅，是杜邦家人以前生活的地方，相比花园的宏大，房子低调而简朴。现在成了长木花园的历史展览馆，对游人开放。路的两边种着两排泡桐树（*Paulownia fortunei*），先花后叶的花树正开放中，很纯粹，令人震撼。泡桐的花粉紫色很柔美，花期还蛮长，相隔十天的第二次参观，繁华依旧。我还是第一次见这么壮观的盛花期的泡桐树。

路边种着两排泡桐树，满树粉紫色花，绽放地那么纯粹，令人震撼。有人说：一座花园，就像人的气质一样，一定会藏着主人走过的路、读过的书和爱过的人

文中部分历史图片摘自长木公园网站

长木也致力于各类教育项目,其中,培养世界各地的园艺人才也是他们的一个目标。在参观交流的时候,园方教育部门的负责人希望转告中国从事园林行业的年轻人,欢迎申请他们的一个新成立的学者培训计划,提供食宿全免的全额奖学金和实习机会。听得我心有戚戚,恨不能少年时。

Succulent Gardens
加州第二大多肉植物苗圃 _{图、文／二木}

"多肉植物花园"苗圃外,巨大的莲花掌、龙舌兰向我们这些异国来客"炫耀"它们的独特魅力

多肉植物的故乡在美国加利福尼亚州,这里全年晴朗少雨,气候干燥,光照充足,雨季虽然从11月到第二年的3月,但不会像我们这里不断地下很多天,基本一两天就停了。又因为地处沿海,相对湿度较高,特别适合多肉植物的生长。所以你会在加州,看到漫山遍野生长旺盛的多肉植物,这个羡慕不来的。

这次加州之旅,有幸参观了"Succulent Gardens",就叫"多肉植物花园"啦。据说规模在加州算第二大,给人的感觉更像国内的多肉植物零售大棚,不过嘛,毕竟是加州,论多肉段数,那是相当的高。不论景观还是培育的小苗、大苗,几乎都在露天放养。

还没进门,苗圃门外的绿化带就已经让人很吃惊了,成片的莲花掌、龙舌兰大到你无法想象,花箭也要冲破天际的节奏。其实在国内,厦门、福州等地可以这样露天栽种龙舌兰,福建海边可以看到不少巨大的龙舌兰群,生长在悬崖边,一旁还有粉色的石竹,也是很美啊。不过加州野生的多肉品种更多,苗

作者简介

本名肖杰,网名二木、二木花花男。园艺畅销书《跟二木一起玩多肉》上、下册作者。80后,标准多肉控、多肉种植达人。热爱大自然,喜欢动物和植物,是一名"中毒"至深并无法自拔的园艺爱好者,梦想成为一名考古学家和植物专家。

圃对面马路就是大片野生的番杏，别激动，番杏在加州已经到了泛滥的级别，还非常不好清除。

我们进到苗圃的时候主人并不在，工作人员告诉我们自己参观就可以了，可以随便参观拍照，但挂有"禁止入内"牌子的地方别进去就好。

销售区的多肉植物和国内都差不多，架子上摆得满满的，货架有些杂乱，地上倒是很干净，没有像国内的大棚，多肉的尸体、叶片到处散落。另外，大部分销售的多肉都插有白色的小标牌，每个插牌上有名称、价格、描述。有段时间我也很想这么做，也的确做过，后来发现打印标签就能累死你，真是无地自容了。另外，说到加州多肉植物的价格，其实并不便宜，小陶盆里1~2棵普通景天就可以卖到15美元，有点特色的组合盆栽就更贵了，很多都是100多美元以上，还看到一个爱心小木盒，竟然要90美金，国内的价格大概只有一半吧。

苗圃里到处可见用多肉植物布置的各种景观

销售区里还有一块比较有趣的区域，医用多肉植物区：有银波锦属、拟石莲属，就连青锁龙属的黄金花月也有医用功效噢！图示标得也非常清晰，芦荟类可以用来医用，比如包扎伤口等。关于多肉植物的医用话题，国内肉友圈里还很少涉及，恐怕还是因为肉肉的珍贵，更多还是用来观赏吧。

　　到这里来买多肉的顾客也很多，我们在参观的时候就遇到两拨人过来购买，都是开着货车，户主并不是花店或者其他大棚主，都是一些别墅花园的主人，整车买回家布置庭院的。在加州，以多肉植物为主题布置的庭院也是见得非常多，还是因为好种，几乎不用管理吧。

　　除了销售的多肉大棚之外，这里更吸引人的是随处布置的多肉，墙角边豪迈奔放的莲花掌，拟石莲做的绿化带、地毯；多肉的壁画、多肉的矮墙、多肉的小山，还有一棵巨大的爱心，品种都很普通，玉蝶、长生草、铭月、蓝松、紫珍珠，简单的几个品种构出一幅美丽的心。看起来像是参展后的作品，就这么摆放着等待下次再参展，真好。资材全是水苔，当然仔细看，很多多肉的状态并不佳，其实做这样的大景观肯定就考虑不了单棵植物的美了。

　　另外这里的各式各样的小组盆也是一大特色，花盆种类并不比国内新鲜多少，不过多肉的种类却很多，组合盆栽的素材多，又容易养护，怎么种都是可以的。而且人家都这么养多肉，转一圈没看见有什么虫害，玄灰蝶、蜗牛、毛毛虫什么的几乎都没有。

废旧容器的利用也是一大特色,旧木箱、铁皮盒、布袋,还有自己用水泥灌注的蝴蝶花盆,甚至还有全套的厨房,多肉种在废弃的洗手台、茶杯甚至是火锅炉中。任何一件物品都可以变成花器,这也是多肉植物的特色,其他植物是做不到的。当然,品种还是那些品种,但是这里的气候没法复制,只能羡慕。

话说这个多肉植物花园整个布置还是有点乱,杂货也太多,对于我这样的天蝎座表示完全接受不鸟,特别想冲上去收拾一下。

苗圃的地址大家可以登录网站查找:www.sgplants.com

欢迎光临花园时光系列书店

中国林业出版社天猫旗舰店　　　　花园时光微店

扫描二维码了解更多花园时光系列图书

购书电话：010-83143594